藻类资源开发与利用丛书

淡水红藻代表类群叶绿体基因的
适应性进化

南芳茹　著

海洋出版社

2022 年·北京

图书在版编目（CIP）数据

淡水红藻代表类群叶绿体基因的适应性进化／南芳
茹著. － 北京：海洋出版社，2022.1
ISBN 978-7-5210-0888-3

Ⅰ.①淡…　Ⅱ.①南…　Ⅲ.①淡水-红藻门-叶绿体-
基因-研究　Ⅳ.①Q949.29②Q244

中国版本图书馆 CIP 数据核字（2022）第 016951 号

责任编辑：高朝君
责任印制：安　森

海洋出版社 出版发行

http://www.oceanpress.com.cn

北京市海淀区大慧寺路 8 号　邮编：100081
鸿博昊天科技有限公司印刷
2022 年 1 月第 1 版　　2022 年 1 月北京第 1 次印刷
开本：710mm×1000mm　1/16　印张：9
字数：120 千字　定价：68.00 元
发行部：010-62100090　邮购部：010-62100072
总编室：010-62100034　编辑室：010-62100038
海洋版图书印、装错误可随时退换

前　言

　　红藻是最古老的真核藻类植物之一，在海洋和淡水环境中均可生长，但海洋红藻类群较多，淡水红藻只占红藻门植物全部种类的5%左右。淡水红藻对生境的要求较高，大部分种类生活在洁净流动的水体中，也有少数种类分布在静止水体如湖水和池塘中。由于淡水红藻对水质要求较高，随着水环境污染的日益加重，其生存受到严重威胁，许多种类已被欧洲国家列为濒危物种。

　　淡水红藻藻体颜色呈蓝绿色到深红色不等，绝大部分营固着生长。根据现代分类体系，该类群的典型代表有常温种类，包括串珠藻目（Batrachospermales）、弯枝藻目、胭脂藻植物等，还有一类比较特殊的极端环境（包括高温、强酸等）下生长的温泉红藻类植物。其中，目前世界范围内报道的串珠藻目植物全部种类均生活在淡水中，占淡水红藻全部种类的70%，是淡水红藻中最主要的代表类群。弯枝藻属（Compsopogon）隶属弯枝藻目，全球单种属分布，是淡水红藻中比较特殊的一类。胭脂藻属（Hildenbrandia）隶属胭脂藻目，是红藻门植物中起源较古老的丝状体藻类谱系，仅生长于温度较高以及特定电导率的溪流中，在淡水红藻中具有重要的研究价值。温泉红藻属（Galdieria）隶属温泉红藻目（Cyanidiales），不同于其他淡水红藻，其生境特殊，主要分布于 pH 值在 0.05～3、最高温度达 56℃ 的极端环境。

　　淡水红藻在漫长的历史进化中，与生存环境相互作用，一部分遗传信息的改变经过自然选择被固定下来，发生基因的适应性进化。对具有重要功能蛋白质的编码基因进行适应性进化分析，能够揭示基因的变异和蛋白结构与功能的改变与淡水红藻进化史的关系。本书选择了1,5-二磷酸核酮糖羧化/加氧酶大亚基编码基因 *rbc*L、光系统Ⅰ反应中心（RC）跨膜复合物的中心蛋白 A 编码基因 *psa*A、光系统Ⅱ D1 蛋白编码基因 *psb*A 3 个重要的功能基因，通过度量核苷酸序列的非同义替换率（*d*N）和同义替换率（*d*S）的比值（ω）来判断自然选择对氨基酸位点的选择压力，以此判断淡水红藻主要谱系的基因适应性进化历程。

本书中的标本采集和数据分析得到山西大学生命科学学院藻类植物进化与资源利用课题组谢树莲教授、冯佳教授、吕俊平副教授、刘琪副教授、刘旭东副教授、巩超彦硕士、韩雨昕硕士等的帮助和支持，特别感谢谢树莲教授在书稿撰写中给予的指导、帮助和支持！

本书可供对淡水红藻感兴趣的师生阅读，与藻类学、系统发育学、进化生物学等相关领域的研究人员关系较密切。由于水平有限，书中难免会有疏漏和欠妥之处，敬请读者批评指正。

本书的研究工作得到国家自然科学基金项目（31800172、31670208、41871037）支持。

作　者

2021 年 12 月于太原

目　次

第1章 淡水红藻概述

1.1 淡水红藻简介

1.1.1 淡水红藻的重要性

红藻是最古老的真核藻类植物之一，化石记录可追溯至 12 亿年前（Butterfield，2001），同时其在叶绿体第一次内共生事件中作为叶绿体的受体细胞，在第二次内共生事件中作为叶绿体的供体细胞，发挥了不可或缺的作用，是整个光合生物进化历程中的一个重要谱系，研究红藻的系统发育关系对于阐明整个植物界的进化史是极其必要的。淡水红藻只生活在洁净流动的水体中，大部分生长在流动水体如泉水和溪流，也有少数种类分布在静止水体如湖水和池塘中。与海洋红藻相比，淡水红藻种类较少，只占该门植物全部类群的 5% 左右（Sheath et al.，1990）。淡水红藻虽然种类数目较少，种群分布比较罕见，但它们是淡水水体群落结构中一个非常重要的组分。由于该类群对生境的要求较高，随着水环境污染的日益严重，淡水红藻的生存受到巨大威胁，许多淡水红藻种类已被欧洲国家列为濒危物种（Stoyneva et al.，2003；Temniskova et al.，2008），因此对其开展生物学研究十分重要且迫在眉睫。

淡水红藻绝大部分营固着生长，藻体颜色呈蓝绿色到深红色不等，藻体类型从简单的单细胞至复杂的茎枝体和叶状体，较为多样（施之新，2006）。该类群为真核生物，缺少鞭毛，光合产物为红藻淀粉，光合色素为叶绿素 a 和藻胆素（包括藻红蛋白和藻蓝蛋白），类囊体单列排列不折叠，叶绿体缺乏外层内质网包被（Woekerling，1990）。红藻的繁殖方式包括营养繁殖、无性生殖和有性生殖，在此过程中产生的孢子和配子均没有鞭毛，是红藻类植物的一个典型特征。

1.1.2 淡水红藻研究现状

淡水红藻在淡水藻类中研究起始时间较早，自 1753 年林奈报道至今已有 250 多年的研究历史。从 18 世纪中期到 19 世纪末约 150 年间，对淡水红藻的研究处于初创期，主要是发现淡水红藻新的种类和相应的区系报道，并初步建立了红藻的简单分类系统，为之后的研究奠定了基础。在此基础上，陆续有更多的种和属被发现，区系研究得到了进一步的细化和发展，同时对淡水红藻的分类从单一的形态特征逐步转向综合生理生化、生态因子和生活史特征全面分析，从单纯区系性报道转向系统发育分析（施之新，2006）。

进入 21 世纪，淡水红藻的系统分类研究随着分子生物学的快速发展和广泛应用进入了一个崭新的阶段，不断有新的物种被发现，关于红藻内部各类群的亲缘关系和系统发育地位得到了初步研究，对红藻的系统分类不断地细化和进一步修订。分子生物学方法的引入对红藻的系统分类研究产生了巨大的影响，依据更全面的样品采集工作和更广泛的分子数据，对红藻的分类体系作了进一步更改重建，将红藻类群列在单独的红藻门下，分为 7 个纲，分别为温泉红藻纲（Cyanidiophyceae）、弯枝藻纲（Compsopogonophyceae）、Stylonematophyceae、紫球藻纲（Porphyridiophyceae）、Rhodellophyceae、红毛菜纲（Bangiophyceae）、真红藻纲（Florideophyceae），原先的红毛菜纲类群被划分为 6 个独立的纲（见图 1.1）（Yoon et al.，2006），该分类体系目前已被广泛认可。

随着高通量测序技术的不断发展，对红藻的研究逐渐进入基因组时代，红藻已报道的基因组数据逐渐增多，包括细胞核基因组、叶绿体和线粒体基因组，其中细胞器基因组数据居多。红藻中目前已报道细胞核基因组的种

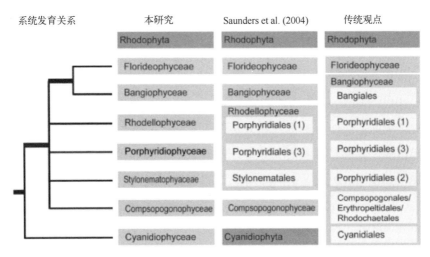

图 1.1 红藻分类系统的变化（引自 Yoon et al.，2006）

类有温泉红藻（*Cyanidioschyzon merolae*）（Matsuzaki et al.，2004）、紫球藻（*Porphyridium purpureum*）（Bhattacharya et al.，2013）、绳状龙须菜（*Gracilariopsis chorda*）（Lee et al.，2018）、脐形紫菜（*Porphyra umbilicalis*）（Brawley et al.，2017）、龙须菜（*Gracilariopsis lemaneiformis*）（Sun et al.，2018）、角叉菜（*Chondrus crispus*）（Collén et al.，2013）和嗜硫原始红藻（*Galdieria sulphuraria*）（Schönknecht et al.，2013）。细胞器基因组已报道的类群较多，包括有海洋红藻属江蓠（*Gracilaria*）（Ng et al.，2017）、石花菜（*Gelidium*）（Boo et al.，2019）等类群，淡水红藻中的红索藻（*Thorea*）、西斯藻（*Sheathia*）等类群（Nan et al.，2017；Paiano et al.，2018；Evans et al.，2019）。有关红藻转录组数据的报道也越来越多，对具有经济价值的红藻种类，包括海洋角叉菜、紫菜、江蓠等类群，利用转录组数据分析其在不同生态因子条件下生理生化特征及其响应机制，为红藻的环境适应性提供一定的理论基础（Collén et al.，2007；Ho et al.，2009；Choi et al.，2013）。其中，基因组数据将为藻类的系统发育和进化、环境适应性的研究提供新的分析方法和分析思路，应作为今后的研究重点之一。

我国近十几年来对淡水红藻的研究集中于利用分子生物学手段鉴定新分类单位，拓宽种类新记录分布，对中国特有的淡水红藻种进行系统发育分析，以及利用叶绿体、线粒体基因组对淡水红藻重要谱系进行起源演化分析（吉莉 等，2008；2013；李强 等，2010；Feng et al.，2015；南芳茹 等，2015；Nan et al.，2017；Fang et al.，2020），也有基于转录组数据对淡水红藻的光适应性分子机制和繁殖方式转换机制进行的研究，主要分析了基因组的内容和特征及转录组在不同环境因子下的表达差异（Nan et al.，2018；2020）。2001 年，孙存华等对江苏徐州生长的长柄串珠藻（*Batracho-spermum longipedicellatum*）的生理生态特性进行了理化指标的分析，发现长柄串珠藻适宜于较低的水体温度和较弱的光照强度，其光合作用的最适水温为 15℃，最适光强为 30~50 μmol·m^{-2}·s^{-1}（孙存华 等，2001）。而关于淡水红藻单个蛋白编码基因的变异特征及适应性进化研究较少见。

1.2 淡水红藻代表类群概述

1.2.1 串珠藻目植物

迄今为止，世界范围内报道的全部串珠藻目（Batrachospermales）植物均生活在淡水中，约有 130 种，占淡水红藻的 70%，由此可见串珠藻目植物是淡水红藻中最主要的代表类群。串珠藻目植物可能是海陆演变过程中残留在淡水中的孑遗生物，多生长在清洁、温度偏低、高溶氧、环境比较稳定的流动水体中，大多呈零星式分布，分布区狭窄，且具有一定的封闭性（施之新，2006）。

串珠藻目属红藻门（Rhodophyta）真红藻纲。串珠藻目植物的主要形态特征为藻体一般胶质较多，轮节发育良好，球形或近球形，次生枝或多或少或缺乏；无性生殖在初生枝或次生枝上产生单孢子囊，有性生殖形成果胞和精子囊，雌雄同株或异株；果胞枝发生于初生枝上，直立或者弯曲，明显区别于营养细胞；果胞基部对称，受精丝较短；果孢子体通常半球形，由产孢丝聚集形成，位于轮节的中央，其上生果孢子囊；精子囊生于初生枝或次生枝顶端或近顶端，单生或双生。目前，一般认为串珠藻目包括 3 个科：串珠藻科（Batrachospermaceae）、鱼子菜科（Lemaneaceae）和裸管藻科（Psilosiphonaceae）；7 个属：串珠藻属（*Batrachospertmum*）、连珠藻属（*Sirodotia*）、假枝藻属（*Nothocladus*）、托氏藻属（*Tuomeya*）、鱼子菜属（*Lemanea*）、拟鱼子菜属（*Paralemanea*）和裸管藻属（*Psilosiphon*）（Xie et al.，2020）。其中，典型代表属为串珠藻属，该属 1797 年由 Roth 建立（Roth，1797），由于包含种类较多，先后被划分为不同的亚属和组。最先被采用的是 Sheath 和他的研究小组提出的分类系统，即根据果孢子形成、产孢丝有无、果胞枝的形状、受精丝的形状等将串珠藻属分为两个亚属：无囊果亚属（Subgen. *Acarposporophytum*）和串珠藻亚属（Subgen. *Batrachospermum*）。串珠藻亚属又分为 7 个组：串珠藻组（Sect. *Batrachospermum*）、多芒组（Sect. *Aristata*）、刚毛组（Sect. *Setacea*）、绿色组（Sect. *Virescentia*）、沼生组（Sect. *Turfosa*）、杂生组（Sect. *Hybrida*）和扭曲组（Sect. *Contorta*）（施之新，2006）。但是随着更多中间类型标本的不断发现，串珠藻属内组和种的界限越来越模糊，基于形态的分类愈加困难。随着分子生物学的发展，原先基于相似的形态特征被统一归为串珠藻属中不同组的物种，依据分子生物学证据被提升到属的水平，因而产生了串珠藻科下的较多新属，包括熊野藻属（*Kumanoa*）、西斯藻属（*Sheathia*）、*Setacea*、*Petrohua*、*Nocturama*（Vis et al.，2007；Vis et al.，2012；Salomaki et al.，2014；Entwisle et al.，2016；Rossignolo et al.，2016）。本书的研究基于以上新近成立的分类体系。

1.2.2　弯枝藻属植物

　　弯枝藻属（*Compsopogon*）又称为美芒藻属，隶属于红藻门红毛菜纲弯枝藻目（Compsopogonales）弯枝藻科（Compsopogonaceae），是淡水红藻中的典型类群之一，早在 190 多年前就有记载（Agardh，1824）。我国对弯枝藻属植物的报道研究较晚，1941 年，饶钦止先生报道了 3 种：弯枝藻（深紫美芒藻）（*Compsopogon caeruleus*），小弯枝藻（小美芒藻）（*C. minutus*）和灌木状美芒藻（Jao，1940）。1987 年，对采自重庆的灌木状美芒藻（*C. fruticosa*）标本进行了深入研究分析，将其重新认定为灌木状拟弯枝藻（*Compsopogonopsis fruticosa*）（Seto，1987）。1998 年报道了采自山西和广西的两个新种：细弱弯枝藻（细弱美芒藻）（*C. tenellus*）和疏枝弯枝藻（疏枝美芒藻）（*C. sparsus*）（谢树莲 等，1998）。2004 年报道了我国台湾的两种弯枝藻属植物：细弱弯枝藻（细弱美芒藻）和硬枝弯枝藻（*C. chalybeus*）（Liu et al.，2004）。2013 年报道了采自广东定南的一个未定种 *Compsopogon* sp.（潘鸿 等，2013）。迄今我国已报道的弯枝藻目植物仅有 6 种（南芳茹，2017）。

由于早期分类学主要依据其形态学，包括藻体的大小、皮层数目、皮层细胞形成的方式以及最外层皮层细胞的大小等，这些营养生长形态受生长环境影响较大，变化幅度较大，因此对于弯枝藻属的系统分类存在一定困难且争议较大（Ratha et al.，2007）。随着分子生物学的发展，依据 18S rRNA 和 *rbc*L 等基因序列对弯枝藻属进行系统发育树构建，目前，大量研究认为该属不同种样本间的遗传多样性较低，为一全球单种属（Necchi et al.，2013）。弯枝藻对生境要求较高，大多生活在弱光、低温及溶解氧较高的洁净水体中，在世界上分布广泛，北美洲、加勒比群岛、西大西洋、亚洲、澳大利亚和夏威夷群岛等均有分布，但大多数类群生活水体封闭狭窄，种群较小且脆弱（Kumano，2002）。

1.2.3　胭脂藻属植物

胭脂藻属（*Hildenbrandia*）植物隶属红藻门真红藻纲胭脂藻目（Hildenbrandiales）胭脂藻科（Hildenbrandiaceae），主要形态特征是藻体软骨质状，细胞直径 3~5 μm，藻体高度 50~75 μm，匍匐呈皮壳状，基层为放射状的分枝，上层由基层产生的短而密集的直立丝组成，直立丝侧面相接连成壳状藻体。细胞近矩形，胞间的纹孔连丝具有 1 层帽层和 1 层帽膜。海产种类主要通过产孢器 (conceptacle) 中形成四分孢子囊 (tetrasporangia) 进行有性生殖，淡水种类则通过藻体的断裂和孢芽 (gemmae) 的方式进行无性繁殖。在全球范围的海洋和淡水中均有分布。海洋种与淡水种在形态学特征上十分相近，但两者繁殖方式存在差异 (Sherwood et al.，2010)。与海洋类群相比，淡水类群的胭脂藻属植物对生境的要求更加特殊，仅生长于温度较高以及特定电导率的溪流中 (Nan et al.，2017)。淡水胭脂藻属包括河生胭脂藻 (*Hildenbrandia rivularis*)、安哥拉胭脂藻 (*H. angolensis*)、*H. arracana*、*H. ramanaginaii* 等 类 群 (Nichols 1965；Sherwood et al.，2000)，其中河生胭脂藻和安哥拉胭脂藻被广泛报道，在欧洲、南美洲、北美洲以及非洲北部均有出现 (Sheath et al.，1993)，在中国仅有 2 个淡水种 (河生胭脂藻和鸡公山胭脂藻) 被报道 (谢树莲 等，2004；Nan et al.，2017)。

1.2.4 温泉红藻属植物概述

温泉红藻属 (*Galdieria*) 隶属于红藻门温泉红藻纲 (Cyanidiophyceae)，温泉红藻目 (Cyanidiales) 温泉红藻科 (Cyanidiaceae)。温泉红藻属中被报道的共 5 个物种，分别为 *Galdieria phlegrea*、嗜硫原始红藻、*G. maxima*、*G. partita* 和 *G. daedala* (Altenbach et al.，2012)。温泉红藻不同于其他淡水红藻，其生境特殊，主要分布于 pH 值 0.05~3.00、最高温度达 56℃的极端环境，在硫酸盐含量较高的温泉中、温泉内石头表面、高温高酸的火山岩石表面或土壤表层内均有发现 (Pinto et al.，2007；Ciniglia et al.，2014)。目前该藻在意大利那不勒斯、印度尼西亚拉乌山、美国黄石国家公园、墨西哥的洛斯阿祖弗雷斯和塞罗普列托的酸性温泉中已有采集并报道 (Skorupa et al.，2013；Toplin et al.，2014)。有研究表明，温泉红藻可以从原核生物

（古细菌或细菌）处获得某些基因，有利于其在极端环境中生存下来（Thangaraj et al., 2011）。

以往的研究表明，基于叶绿体基因对淡水红藻分歧时间进行估算，温泉红藻类群分歧时间最早，大约在 1 350 百万~1 416 百万年前分化形成独立分支（Yoon et al., 2004），随后在较短时间内暴发辐射出多个淡水红藻类群，其中弯枝藻类群大约在 1 012 百万年前的元古代时期发生分化，胭脂藻类群则分化于大约 728 百万年前，串珠藻目约在 536 百万年前发生分化（南芳茹，2017）。

1.3 适应性进化及共进化研究

1.3.1 适应性进化研究基因标记

*rbc*L 基因是十分重要的叶绿体基因，其编码蛋白为 1,5-二磷酸核酮糖羧化/加氧酶（Rubisco, E. C. 4. 1. 1. 39）大亚基，在细胞中具有重要功能。Rubisco 蛋白存在于植物的叶绿体基质中，是参与植物光合作用的关键酶。由于该蛋白催化速率较慢，因此需要大量 Rubisco 蛋白以维持细胞正常代谢过程，故该蛋白在植物细胞中的含量最多，约占可溶性蛋白质总量的 50%（Kapralov et al., 2007）。它是一个双功能酶，既能催化 RuBP 与二氧化碳反应生成 3-磷酸甘油酸的羧化反应，又能在光呼吸中催化 RuBP 与氧气反应氧化裂解形成 3-磷酸甘油酸、磷酸和磷酸乙醇酸，因此 Rubisco 对净光合率具有决定性的影响（Sage et al., 1993）。Rubisco 蛋白是由 8 个大亚基和 8 个小亚基构成的，其中 Rubisco 大亚基为固定二氧化碳的活性位点（Andersson et al., 2008），不同种类的绿色植物中 Rubisco 活性有较大差异。

*psa*A 基因是藻类植物的叶绿体基因中的一个重要的能进行光调节的基

因，它能编码一种类囊体膜蛋白，即光系统 I（PS I）反应中心（RC）跨膜复合物的中心蛋白 A，又称 P700 脱辅基蛋白 A，该蛋白与 psaB 基因编码的蛋白相互结合，共同作为光系统 I 跨膜复合物的中心蛋白，具有重要的生物学功能即构成植物 PS I 的中心架构。psaA 基因和 rbcL 基因一样位于叶绿体基因组的大单拷贝区（Large single copy，LSC 区），但前者的编码区长度较后者长（石开明 等，2002）。

psbA 基因同样是植物叶绿体基因中一个能进行光调节的基因，它编码另一种类囊体膜蛋白，即光系统 II（PS II）RC 的重要蛋白——Qβ 蛋白，也就是 D1 蛋白。该基因转录活性的表达受控于光的调节，且在光抑制的条件下还会快速地更新，半衰期仅 20~30 min，比类囊体膜上的其他蛋白有更快的周转速率，同分子量为 34 ku 由 psbD 基因编码的 D2 蛋白质结合成复合物，它们构成了 PS II 反应中心的框架，共同在光电子的转运中发挥重要的作用。psbA 基因通常定位在叶绿体基因组的反向重复序列和大单拷贝区（Sen et al.，2012）。

psaA 和 psbA 是两个保守度较高的蛋白编码基因，所以常用于属以上分类等级的分子系统发育研究，在高等植物和蓝藻中的研究中比较常见（Yang et al.，2004；Stefaniak et al.，2005；Christiansen et al.，2008），同时已有研究表明，这两个基因在分析藻类系统进化中可以提供较好的信息（Yang et al.，2004）。王亚楠等（2011）也采用 psaA 和 psbA 基因研究了淡水红藻的系统发育关系，证明了两个基因用作分子标记的可行性。在利用这 2 个分子标记研究串珠藻目植物系统发育关系中，作者建议应将较为保守的且可应用于高分类级别的如 rbcL、psaA 和 psbA 等序列与较为活跃的、适用于较低级别的如 UPA 等序列结合起来，从而得到更为可靠的亲缘关系（Nan et al.，2016）。psaA 和 psbA 作为 2 个重要的功能编码基因，它们在淡水红藻的长期演化进程中是否发生了对环境的适应性进化，以及适应性进化对其作为系统发育分子标记的影响，这些有待进一步深入研究。

1.3.2　适应性进化研究

适应是生物进化的核心，物种的演化历程即为不断与其生存环境相互作用的过程，在此过程中，物种的遗传信息随时间的变化产生了一系列改变，其中一些特殊的改变经过自然的选择被固定下来，即基因的适应性进化。分析具有重要功能的蛋白质的适应性进化有助于深刻了解基因的变异、蛋白结构与功能的改变及物种的进化史（Nei et al., 2000）。生物进化计算在近年成为快速发展的研究领域，其迅猛发展依托于大量分子序列的积累以及计算机技术的进步。现在用于进化研究的模型大体有 Nielsen 等（1998）提出的机理式模型（Mechanistic model）、Schneider 等（2005）建立的经验式模型（Empirical model）以及 Doron Faigenboim 等（2006）整合前两种模型而成的 MEC（Mechanistic-empirical combination）模型。其中 MEC 模型既考虑到转换-颠换偏差、密码子使用频率以及基因内和基因间所受选择作用不同等理论假设，又同时把经验性氨基酸置换概率引入非同义-同义置换速率比值的估计。适应性进化的分析研究可以通过度量核苷酸序列的非同义替换率（dN）和同义替换率（dS）的比值（ω）来判断自然选择对氨基酸位点的选择压力。当 $dN = dS$，即 $\omega = 1$，表示非同义突变和同义突变的固定速率相同，则认为选择对适合度没有影响；当 $dN < dS$，即 $\omega < 1$，认为非同义突变有害，那么进化选择就会降低这些突变的固定速率；当 $dN > dS$，即 $\omega > 1$，认为发生的非同义突变有利于选择，那么它们会以比同义突变更快的速率被固定。所以，$\omega > 1$ 的显著性可被当做蛋白质发生适应性进化的证据。Yang（2007）开发了 PAML（phylogenetic analysis by maximum likelihood）软件，该软件是一个用最大似然法来对 DNA 和蛋白质序列进行系统发育分析的综合程序包，其中的 Codeml 程序可以估算编码蛋白质的 DNA 序列的同义和非同义替代率并发现 DNA 序列中的正选择位点，即对 DNA 序列进行适应性进化分析。经由这些模型验证存在正向选择的位点后，可进一步通过贝叶斯途径将发生正向选择的位点加以鉴定。与传统方法相比，这种基于最大似然估计的正选择检测方法，能把被较强负选择和中性漂变作用掩盖的正选择位点识别出来，表现出更高的灵敏度（Yang，2002）。此外，针对正选择可能只作用于进化的某一阶段、某些位点、亦或某一阶段的某些位点，新建立的分析模型还能对不同支系和位点分别进行独立适应性进化检测（Yang et al.，2000；Yang et al.，2000）。

目前适应性进化的研究受到广泛关注，对具有重要功能的蛋白质进行适应性进化分析，有助于更加深入地了解当面对环境压力时，一些氨基酸的结构和功能会发生哪些改变（Nei et al.，2000）。目前对高等植物的适应性进化研究较多。周媛等（2011）对凤尾蕨科（Pteridaceae）旱生蕨类的 *rbc*L 基因进行了适应性进化研究，检测出多个正选择位点，其中有 3 个位点对维持 Rubisco 功能起着重要作用。张丽君等（2010）对蕨类植物的 *rps*4 基因进行了适应性进化研究，但未检测出正选择位点，表明该基因结构与功能已趋于稳定。黄花蒿（*Artemisia annua*）植物 *rbc*L 基因、麻黄科（Ephedraceae）植物 *rbc*L 基因和稻属（Orzya）AA 型物种叶绿体基因组等适应性进化研究也有报道（刘念 等，2010；熊勇 等，2014；姜斌 等，2014）。而目前对藻类植物的适应性进化研究仍然很少，鉴于淡水红藻在分类学上处于较原始的分类地位，因此通过对淡水红藻典型类群的基因进行适应性进化分析，能够对植物的演化进程有更深入的理解。

1.3.3　共进化分析

氨基酸位点的共进化现象在蛋白质内部是普遍存在的，氨基酸位点相互依赖的主要原因是蛋白功能依赖于其三维结构，三维结构依赖于其复杂的功能及结构相互作用网络。蛋白质中功能上或结构上相关的氨基酸位点的识别可以揭示蛋白质进化过程中发生的复杂的突变动力学。功能相关的氨基酸残基在进化上是紧密联系的，在一个位置上的突变很可能对依赖的氨基酸位置产生巨大影响。由于这种依赖性，一个氨基酸位点变化的选择系数可能与其分子内相互作用网络的复杂性高度相关，氨基酸位点之间的依赖关系揭示了氨基酸残基的功能重要性。因此，任何突变在这些位点被激活，相关位点就需要补偿性突变。这在功能相关位点之间产生了一种动态的协同进化，这种动态被认为是理解蛋白质进化过程的重要现象（Travers et al.，2007）。共进化位点指蛋白质序列发生改变时，序列替换存在相互关联的位点，这样的位点构成共进化组（对）。共进化对是指一对氨基酸位点相互之间有共进化关系，而共进化组是指组内所有氨基酸互相之间都存在相互关联的关系。

在过去的几十年里，许多人致力于发现属于相同或不同蛋白质的氨基酸位点之间的共同进化关系。但由于氨基酸位点间进化依赖关系的内在复杂性，阻碍了检测共进化功能的灵敏性的发展。近几年研究表明，两个氨基酸位点间的共进化可以分为随机共进化、功能共进化和相互作用共进化。这些因素中的每一个都有不同的权重，这取决于除其他因素外，模型检测共同进化的现实程度以及多序列对齐的质量。大多数参数化和非参数化方法检测功能共进化的灵敏度一直受到这些方法的影响，以计算不同类型的共进化。以此理论为基础开发了许多方法来优化敏感性和特异性，以区分氨基酸位点之间不同类型的进化依赖关系（Codoñer et al.，2008）。

我们采用参数检验法（Pollock et al.，1999）、互信息法（Mutual Information）（Martin et al.，2005）和 Pearson 相关系数法（Göbel et al.，2010）等方法，运用 CAPS（Coevolution Analysis using Protein Sequences）软件（Mario et al.，2006）对淡水红藻典型类群的 rbcL 基因编码蛋白内部的氨基酸位点共进化关系进行分析。

物种演化的历程和分子机制是极其复杂的，尤其是淡水红藻这类特殊的类群，为了探究其究竟是如何适应特殊生存环境，相关叶绿体基因是否在其演化历程中发生了适应性进化及其所产生的影响，我们对其 3 个叶绿体基因进行了理化性质预测分析、适应性进化及共进化分析。这有助于进一步了解淡水红藻植物的演化历史，更深入地理解相关基因结构和功能变异，同时有助于了解淡水红藻植物为适应生存环境发生的分子进化机制。3 个基因的共进化分析使我们更加了解相关蛋白质内部氨基酸分子之间的相互关系及其对淡水红藻植物适应性进化的影响。

参考文献

吉莉, 陈乐, 冯佳, 等, 2013. 基于 cox2-3 序列的串珠藻属系统发育研究 [J]. 山西大学学报 (自然科学版), 36 (3): 449-454.

吉莉, 谢树莲, 冯佳, 2008. 中国串珠藻目植物区系研究 [J]. 山西大学学报 (自然科学版), 31 (4): 599-603.

姜斌, 高磊, 李佳, 等, 2014. 稻属 AA 型物种叶绿体基因组的适应性进化 [J]. 科学通报, 59 (20): 1975-1983.

李强, 吉莉, 谢树莲, 2010. 串珠藻目植物的系统发育——基于 rbcL 序列的证据 [J]. 水生生物学报, 34 (1): 20-28.

刘念, 王庆彪, 陈婕, 等, 2010. 麻黄属 rbcL 基因的适应性进化检测与结构模建 [J]. 科学通报, 55 (14): 1341-1346.

南芳茹, 冯佳, 谢树莲, 2015. 基于叶绿体 psaA 和 psbA 基因的中国熊野藻属植物系统发育分析 [J]. 水生生物学报, 39 (1): 155-163.

南芳茹, 2017. 淡水红藻不同谱系的系统分类和进化历史研究 [D]. 太原: 山西大学.

潘鸿, 杨扬, 唐宇宏, 2013. 广东省淡水红藻弯枝藻属一种 (Compsopogon sp.) 的形态描述及分类地位探讨 [J]. 植物科学学报, 31 (6): 540-544.

施之新, 2006. 中国淡水藻志, 第 13 卷, 红藻门、褐藻门 [M]. 北京: 科学出版社, 1-77.

石开明, 彭昌操, 彭振坤, 等, 2002. DNA 序列在植物系统进化研究中的应用 [J]. 湖北民族学院学报 (自然科学版), 20 (4): 5-10.

孙存华, 刘晓峰, 刘贤德, 等, 2001. 长柄串珠藻生理生态特性的研究 [J]. 资源科学, 23 (3): 93-96.

王亚楠, 冯佳, 谢树莲, 2011. 基于 psaA 和 psbA 基因的红索藻目系统发育研究 [J]. 植物研究, 31（3）: 257-260.

谢树莲, 凌元洁, 2004. 山西省的淡水红藻 [J]. 西北植物学报, 24（8）: 1489-1492.

谢树莲, 凌元洁, 1998. 中国山西、广西美芒藻属两新种 [J]. 植物分类学报, 36（1）: 81-83.

熊勇, 赵春艳, 高兴艳, 等, 2014. 药用植物灯盏花 rbcL 基因的克隆、生物信息学及适应性进化分析 [J]. 生物技术, 24（3）: 25-31.

熊勇, 赵春艳, 杨青松, 等, 2014. 黄花蒿 rbcL 基因电子克隆、生物信息学及适应性进化分析 [J]. 生物技术, 24（6）: 50-56.

张丽君, 陈洁, 王艇, 2010. 蕨类植物叶绿体 rps4 基因的适应性进化分析 [J]. 植物研究, 30（1）: 42-50.

周媛, 王博, 高磊, 等, 2011. 凤尾蕨科旱生蕨类 rbcL 基因的适应性进化和共进化分析 [J]. 植物科学学报, 1（4）: 409-416.

AGARDH C, 1824. Systema Algarum [M]. Lundae: LiterisBerlingianis, 1-312.

ALTENBACH A, BERNHARD J, SECKBACH J, 2012. Anoxia. Cellular Origin, Life in Extreme Habitats and Astrobiology [M]. Dordrecht: Springer, 21: 387-397.

ANDERSSON I, BACKLUND A, 2008. Structure and function of Rubisco [J]. Plant Physiology and Biochemistry, 46（3）: 275-291.

BHATTACHARYA D, PRICE D C, CHAN C X, et al., 2013. Genome of the red alga *Porphyridium purpureum* [J]. Nature Communications, 4（1）: 1-10.

BOO G H, HUGHEY J R, 2019. Phylogenomics and multigene phylogenies decipher two new cryptic marine algae from California, *Gelidium gabrielsonii* and *G. kathyanniae* (Gelidiales, Rhodophyta) [J]. Journal of Phycology, 55（1）: 160-172.

BRAWLEY S H, BLOUIN N A, FICKO-BLEAN E, et al., 2017. Insights into the red algae and eukaryotic evolution from the genome of *Porphyra umbilicalis* (Bangiophyceae, Rhodophyta) [J]. Proceedings of the National Academy of Sciences, 114（31）: E6361-E6370.

BUTTERFIELD N J. 2001. Paleobiology of the late Mesoproterozoic (ca. 1200 Ma) hunting formation, Somerset Island, Arctic Canada [J]. Precambrian Research, 111: 235-256.

CHOI S, HWANG M S, IM S, et al., 2013. Transcriptome sequencing and comparative analysis of the gametophyte thalli of *Pyropiatenera* under normal and high temperature conditions [J]. Journal of Applied Phycology, 25 (4): 1237-1246.

CHRISTIANSEN G, MOLITOR C, PHILMUS B, et al., 2008. Nontoxic strains of Cyanobacteria are the result of major genedeletion events induced by a transposable element [J]. Molecular Biology and Evolution, 25 (8): 1695-1704.

CINIGLIA C, YANG E C, POLLIO A, et al., 2014. Cyanidiophyceae in Iceland: Plastid *rbc*L gene elucidates origin and dispersal of extremophilic *Galdieria sulphuraria* and *G. maxima* (Galdieriaceae, Rhodophyta) [J]. Phycologia, 53 (6): 62.

CODOÑER F M, FARES M A., 2008. Why should we care about molecular coevolution? [J]. Evolutionary Bioinformatics, 4 (4): 29-38.

COLLÉN J, GUISLE-MARSOLLIER I, LÉGER J J, et al., 2007. Response of the transcriptome of the intertidal red seaweed *Chondrus crispus* to controlled and natural stresses [J]. New Phytologist, 176 (1): 45-55.

COLLÉN J, PORCEL B, CARRÉ W, et al., 2013. Genome structure and metabolic features in the red seaweed *Chondrus crispus* shed light on evolution of the Archaeplastida [J]. Proceedings of the National Academy of Sciences, 110 (13): 5247-5252.

DORON-FAIGENBOIM A, PUPKO T., 2006. A combined empirical and mechanistic codon model [J]. Molecular Biology and Evolution, 24 (2): 388-397.

ENTWISLE T J, JOHNSTON E T, LAM D W, et al., 2016. Nocturama gen. nov. , Nothocladus s. lat. and other taxonomic novelties resulting from the further resolution of paraphyly in Australasian members of *Batrachospermum* (Batrachospermales, Rhodophyta) [J]. Journal of Phycology, 52 (3): 384-396.

EVANS J R, ST AMOUR N, VERBRUGGEN H, et al., 2019. Chloroplast and mitochondrial genomes of *Balbiania investiens* (Balbianiales, Nemaliophycidae) [J]. Phycologia, 58 (3): 310-318.

FANG K P, NAN F R, FENG J, et al., 2020. *Batrachospermum qujingense* (Batrachospermales, Rhodophyta), a new freshwater red algal species from Southwest China [J]. Phytotaxa, 461 (1): 1-11.

FENG J, CHEN L, WANG Y N, et al., 2015. Molecular systematics and biogeography of

Thorea (Thoreales, Rhodophyta) from Shanxi, China [J]. Systematic Botany, 40 (2): 376-385.

GÖBEL U, SANDER C, SCHNEIDER R, et al., 2010. Correlated mutations and residue contacts in proteins [J]. Proteins Structure Function & Bioinformatics, 18 (4): 309-317.

HO C L, TEOH S, TEO S S, et al., 2009. Profiling the transcriptome of *Gracilaria changii* (Rhodophyta) in response to light deprivation [J]. Marine Biotechnology, 11 (4): 513-519.

JAO C C., 1940. Studies on the freshwater algae of China. VIII. A preliminary account of the Chinese freshwater Rhodophyceae [J]. Sinensia, 12: 245-290.

KAPRALOV M V, FILATOV D A., 2007. Widespread positive selection in the photosynthetic Rubisco enzyme [J]. BMC Evolutionary Biology, 7 (1): 73-80.

KUMANO S., 2002. Freshwater red algae of the world [M]. Bristol, U. K. Biopress Ltd., 1-375.

LEE J, YANG E C, GRAF L, et al., 2018. Analysis of the draft genome of the red seaweed *Gracilariopsis chorda* provides insights into genome size evolution in Rhodophyta [J]. Molecular Biology and Evolution, 35 (8): 1869-1886.

LIU S L, WANG W L., 2004. Two new members of freshwater red algae in Taiwan: *Compsopogontenellus* Ling et Xie and *C. chalybeus* Kützing (Compsopogonaceae, Rhodophyta) [J]. Taiwania-Taipei, 49 (1): 32-38.

MARIO A F, DAVID M., 2006. CAPS: coevolution analysis using protein sequences [J]. Bioinformatics, 22 (22): 2821-2822.

MARTIN L C, GLOOR G B, DUNN S D, et al., 2005. Using information theory to search for co-evolving residues in proteins [J]. Bioinformatics, 21 (22): 4116-4124.

MATSUZAKI M, MISUMI O, SHIN-I T, et al., 2004. Genome sequence of the ultrasmall unicellular red alga *Cyanidioschyzon merolae* 10D [J]. Nature, 428 (6983): 653-657.

NAN F, FENG J, HAN X, et al., 2016. Molecular identification of *Audouinella*-like species (Rhodophyta) from China based on three short DNA fragments [J]. Phytotaxa, 246 (2): 107-119.

NAN F R, FENG J, LV J P, et al., 2017. *Hildenbrandia jigongshanensis* (Hildenbrandiaceae, Rhodophyta), a new freshwater species described from Jigongshan Mountain, China [J]. Phytotaxa, 292 (3): 243-252.

NAN F, FENG J, LV J, et al., 2020. Comparison of the transcriptomes of different life history stages of the freshwater Rhodophyte Thorea hispida [J]. Genomics, 112 (6): 3978-3990.

NAN F, FENG J, LV J, et al., 2017. Origin and evolutionary history of freshwater Rhodophyta: further insights based on phylogenomic evidence [J]. Scientific Reports, 7 (1): 1-12.

NAN F, FENG J, LV J, et al., 2018. Transcriptome analysis of the typical freshwater rhodophytes Sheathia arcuata grown under different light intensities [J]. PLoS One, 13 (5): e0197729.

NECCHI JR O, FO A S G, SALOMAKI E D, et al., 2013. Global sampling reveals low genetic diversity within *Compsopogon* (Compsopogonales, Rhodophyta) [J]. European Journal of Phycology, 48: 152-162.

NEI M, KUMAR S., 2000. Molecular evolution and phylogenetics [M]. New York: Oxford University Press, 238-273.

NG P K, LIN S M, LIM P E, et al., 2017. Complete chloroplast genome of *Gracilaria firma* (Gracilariaceae, Rhodophyta), with discussion on the use of chloroplast phylogenomics in the subclass Rhodymeniophycidae [J]. BMC Genomics, 18 (1): 1-16.

NICHOLS H W., 1965. Culture and development of *Hildenbrandia rivularis* from Denmark and North America [J]. American Journal of Botany, 52 (1): 9-15.

NIELSEN R, YANG Z., 1998. Likelihood models for detecting positively selected amino acid sites and applications to the HIV-1 envelope gene [J]. Genetics, 148 (3): 929-936.

PAIANO M O, DEL CORTONA A, COSTA J F, et al., 2018. Organization of plastid genomes in the freshwater red algal order Batrachospermales (Rhodophyta) [J]. Journal of Phycology, 54 (1): 25-33.

PINTO G, CINIGLIA C, CASCONE C, et al., 2007. Species composition of *Cyanidiales assemblages* in Pisciarelli (CampiFlegrei, Italy) and description of *Galdieria phlegrea* sp. nov [M]. Algae and Cyanobacteria in Extreme Environments, 24-37.

POLLOCK D D, TAYLOR W R, GOLDMAN N, 1999. Coevolving protein residues: maximum likelihood identification and relationship to structure [J]. Journal of Molecular Biology, 287 (1): 187-198.

RATHA S K, JENA M, RATH J, et al., 2007. Three Ecotypes of *Compsopogon coeruleus* (Rhodophyta) from Orissa State, East Coast of India [J]. Algae, 22 (2): 87-93.

ROSSIGNOLO N L, NECCHI JR O., 2016. Revision of section *Setacea* of the genus *Batrachospermum* (Batrachospermales, Rhodophyta) with emphasis on specimens from Brazil [J]. Phycologia, 55 (4): 337-346.

ROTH A W., 1997. Bemerkungenüber das Studium der cryptogamischen Wassergewächse [M]. Hannover: Gebrüdern, 1-109.

SAGE R F, SEEMANN J R., 1993. Regulation of Ribulose-1, 5-Bisphosphate Carboxylase/ Oxygenase activity in response to reduced light Intensity in C4 Plants [J]. Plant Physiology, 102 (1): 21-28.

SALOMAKI E D, KWANDRANS J, ELORANTA P, et al., 2014. Molecular and morphological evidence for *Sheathia* gen. nov. (Batrachospermales, Rhodophyta) and three new species [J]. Journal of Phycology, 50 (3): 526-542.

SCHNEIDER A, CANNAROZZI G M, GONNET G H, 2005. Empirical codon substitution matrix [J]. BMC Bioinformatics, 6 (1): 134.

SCHÖNKNECHT G, CHEN W H, TERNES C M, et al., 2013. Gene transfer from bacteria and archaea facilitated evolution of an extremophilic eukaryote [J]. Science, 339 (6124): 1207-1210.

SEN L, FARES M A, SU Y, et al., 2012. Molecular evolution of *psb*A gene in ferns: unraveling selective pressure and co-evolutionary pattern [J]. BMC Evolutionary Biology, 12: 145.

SETO R, 1987. Study of a freshwater red alga, *Compsopogonopsis fruticosa* (Jao) Seto comb. nov. (Compsopogonales, Rhodophyta) from China [J]. Japanese Journal of Phycology, 35 (4): 265-267.

SHEATH R G, HAMBROOK J A, 1990. Freshwater ecology//COLE K M, SHEATH R G. Biology of the Red Algae [M]. Cambridge: Cambridge University Press, 423-453.

SHEATH R G, KACZMARCZYK D, COLE K M, 1993. Distribution and systematics of freshwater *Hildenbrandia* (Rhodophyta, Hildenbrandiales) in North America [J]. European Journal of Phycology, 28: 115-121.

SHERWOOD A, SHEATH A R, ROBERT G, 2010. Systematics of the Hildenbrandiales (Rhodophyta): gene sequence and morphometric analyses of global collections [J]. Journal of Phycology, 39 (2): 409-422.

SHERWOOD A, SHEATH R, 2000. Biogeography and systematics of *Hildenbrandia* (Rhodophyta, Hildenbrandiales) in Europe: inferences from morphometrics and *rbc*L and 18S rRNA gene sequence analyses [J]. European Journal of Phycology, 35: 143-152.

SKORUPA D J, REEB V, CASTENHOLZ R W, et al., 2013. Cyanidiales diversity in Yellowstone National Park [J]. Letters in Applied Microbiology, 57 (5): 459-466.

STEFANIAK K, KOKOCINSKI M, RUREK M, et al., 2005. The polymorphic *psa*A and *rbc*L loci in populations of *Planktothrix agardhii* in Polish hypertrophic lakes [J]. Biologia Bratislava, 60 (3): 313- 317.

STOYNEVA M P, STANCHEVA R, GÄRTNER G, 2003. *Heribaudiella fluviatilis* (Aresch.) Sved. (Phaeophyceae) and the *Hildenbrandia rivularis* (Liebm.) J. AG. - *Heribaudiella fluviatilis* (Aresch.) Sved. association newly recorded in Bulgaria [J]. Berichte des Naturwissenschaftlich medizinischen Verein in Innsbruck, (90): 61-71.

SUN X, WU J, WANG G, et al., 2018. Genomic analyses of unique carbohydrate and phytohormone metabolism in the macroalga *Gracilariopsis lemaneiformis* (Rhodophyta) [J]. BMC Plant Biology, 18 (1): 94.

TEMNISKOVA D, STOYNEVA M P, KIRJAKOV I K, 2008. Red List of the Bulgarian algae. I. Macroalgae [J]. Phytologia Balcanica, 14 (2): 193-206.

THANGARAJ B, JOLLEY C C, SARROU I, et al., 2011. Efficient light harvesting in a dark, hot, acidic environment: the structure and function of PSI-LHCI from *Galdieria sulphuraria* [J]. Biophysical Journal, 100 (1): 135-143.

TOPLIN J A, NORRIS T B, LEHR C R, et al., 2014. Erratum for toplin et al., biogeographic and phylogenetic diversity of thermoacidophilic Cyanidiales in Yellowstone National Park, Japan, and New Zealand [J]. Applied & Environmental Microbiology, 80 (19):

2822-2833.

TRAVERS S A A, TULLY D C, MCCORMACK G P, et al., 2007. A study of the coevolutionary patterns operating within the env gene of the HIV-1 group M subtypes [J]. Molecular Biology & Evolution, 24 (12): 2787-2801.

VIS M L, HARPER J T, SAUNDERS G W, 2007. Large subunit rDNA and *rbc*L gene sequence data place *Petrohua bernabei*gen. et sp. nov. in the Batrachospermales (Rhodophyta), but do not provide further resolution among taxa in this order [J]. Phycological Research, 55 (2): 103-112.

VIS M L, NECCHI O, CHIASSON W B, et al., 2012. Molecular phylogeny of the genus *Kumanoa* (Batrachospermales, Rhodophyta) [J]. Journal of Phycology, 48 (3): 750-758.

WOEKERLING W J, 1990. Biology of the Red Algae [M]. Cambridge: Cambridge University Press, 1-6.

XIE S, QIU M, NAN F, et al., 2020. Batrachospermales (Rhodophyta) of China: a catalogue and bibliography [J]. Nova Hedwigia, 110 (1/2): 37-77.

YANG E C, BOO S M, 2004. Evidence for two independent lineages of *Griffithsia* (Ceramiaceae, Rhodophyta) based on plastid protein-coding *psa*A, *psb*A, and *rbc*L gene sequences [J]. Molecular Phylogenetics and Evolution, 31 (2): 680-688.

YANG Z, BIELAWSKI J P, 2000. Statistical methods for detecting molecular adaptation [J]. Trends in Ecology & Evolution, 15 (12): 496-503.

YANG Z, NIELSEN R, GOLDMAN N, et al., 2000. Codon-substitution models for heterogeneous selection pressure at amino acid sites [J]. Genetics, 155 (1): 431-449.

YANG Z, 2002. Inference of selection from multiple species alignments [J]. Current Opinion in Genetics & Development, 12 (6): 688-694.

YANG Z, 2007. PAML 4: phylogenetic analysis by maximum likelihood [J]. Molecular Biology and Evolution, 24 (8): 1586-1591.

YOON H S, HACKETT J D, CINIGLIA C, et al., 2004. A molecular timeline for the origin of photosynthetic eukaryotes [J]. Molecular Biology and Evolution, 21: 809-818.

YOON H S, MÜLLER K M, SHEATH R G, et al., 2006. Defining the major lineages of red algae (Rhodophyta) [J]. Journal of Phycology, 42: 482-492.

第 2 章　串珠藻目植物的适应性
进化及共进化分析

2.1　串珠藻目植物系统发育树构建

2.1.1　串珠藻目植物基于 *rbc*L 序列的系统发育树构建

串珠藻目植物是淡水红藻这一类稀有的、特殊的藻类生物中最重要的一个类群。这些淡水红藻是海陆演变过程中残留在淡水中的孑遗生物，多生长在清洁、温度偏低、环境比较稳定的水体中，其分布区狭窄，且具有一定的封闭性，因此，在对环境的长期适应过程中形成了一些珍稀特有种类。叶绿体 *rbc*L 基因编码的 Rubisco 大亚基又是植物光合系统中一个具有重要功能的酶，为了解这类生物的演化历程以及该酶是否发生了适应性进化从而对生物适应生存环境产生影响，本节选取了串珠藻目及一些相近类群淡水红藻的 39 条 *rbc*L 基因序列构建了系统发育树（巩超彦 等，2017）。

本研究所用序列数据包括从各地采集样本提取以及从 GenBank 收集的 *rbc*L 基因共 39 条（见表 2.1）。用 Clustal X 软件进行序列对位排列（Thompson et al.，1997），经人工检查校对，得到每条序列均由 381 个密码子组成的序列数据供系统发育分析。利用 MEGA 5.0 分析序列特征（Tamura et al.，2011），运行 Modeltest 软件（Posada et al.，2004），筛选核苷酸最优进化模型。采用最大似然法（Maximum Likelihood，ML）（Rannala et al.，1996）运行 PhyML 3.0 构建系统发育树（Guindon et al.，

2010)，重复次数设置为 1 000 次，计算结果输入 Figtree1.4.2 进行编辑
（http：//tree. bio. ed. ac. uk/software/figtree/）。

表 2.1 用于本研究的物种及 rbcL 基因 GenBank 登录号

物种	GenBank 登录号
暗紫红毛菜 （*Bangia atropurpurea*）	DQ408155、DQ408162、KM363768、KM363769
胶串球藻 （*Batrachospermum gelatinosum*）	AF029141、 KJ825967、 KJ825969、 KJ825970、 KM077030、KM077034
扁圆串球藻 （*B. helminthosum*）	AB114646、 AF244116、 AF244118、 AF244119、 AF244120、KM593807、KJ825956
Kumanoa capensis	JX504698
弯形熊野藻 （*K. curvata*）	JN590012
K. aroensis	JN590001
K. gracillima	JN590013
K. gudjewga	JN590002
绞扭熊野藻 （*K. intorta*）	JQ028695
弧形西斯藻 （*Sheathia arcuata*）	JN086520、 JN086521、 JN086522、 KM077039、 KM077040、KM077041
纤细连珠藻 （*Sirodotia delicatula*）	KC951855、KC951856、KC951861
威拉连珠藻 （*S. huillensis*）	AF029157
瑞典连珠藻 （*S. suecica*）	AF029158
细连珠藻 （*S. tenuissima*）	AF126420

　　基于选取的 *rbc*L 基因序列，通过 Modeltest 软件筛选得到核苷酸最优进
化模型为 GRT+I+G（假设核苷酸位点替换具有可逆性，G 代表 gamma 分布
的形状参数，I 代表不变位点的比例），模型参数见表 2.2。基于此模型构建
了系统发育树（见图 2.1），使用的构树方法为最大似然法（ML），以
Galdieria maxima 和温泉红藻（*Cyanidium caldarium*）为外类群。从系统发
育树中可以看出，除了外类群，所有内类群聚集为 6 个分支。其中，分支 A
为暗紫红毛菜 的 4 个品系，其他 5 个分支聚为 1 个大的分支，包括所有串
珠藻目的种类。分支 B 为 6 株胶串球藻，后验概率为 100%，显示它们之间

具有密切的亲缘关系。分支 C 为 7 株扁圆串珠藻，后验概率同样为 100%。分支 D 为熊野藻属（*Kumanoa*）的 6 个种，后验概率为 99.2%，与此前的有关报道一致（南芳茹 等，2015）。分支 E 为 4 种共 6 株连珠藻属（*Sirodotia*）植物，后验概率为 97.5%。分支 F 为 6 株弧形西斯藻，后验概率为 100%（巩超彦 等，2017）。

表 2.2　Modeltest 3.7 检验得到的 *rbc*L 基因最优进化模型参数

模型及参数	碱基频率	矩阵参数
GTR+I+G		R［A-C］=4.077 9
	freqA=0.370 5	R［A-G］=4.647 4
−ln$L$=7 138.392 1	freqC=0.135 7	R［A-T］=2.853 9
K=10	freqG=0.209 1	R［C-G］=1.860 2
（I）=0.446 3	freqT=0.324 7	R［C-T］=24.207 9
（G）=0.970 9		R［G-T］=1.000 0

注：GTR+I+G 为 *rbc*L 基因最优进化模型。GTR（general time reversible）：总体时间可逆模型；K（number of estimated parameters）：估算参数数目；I（invariable site）：保守位点的比率；R［A-C］指碱基 A-C 替换的比率，其余为对应碱基替换的比率。

2.1.2　串珠藻目植物基于 *psa*A 序列的系统发育树构建

*psa*A 基因编码植物的 PS I 跨膜复合物中心蛋白 A，该蛋白与 *psa*B 基因编码的中心蛋白 B 相互结合共同构成光系统 I 的中心框架，承担重要的生物学功能，保障植物光合作用电子传递的顺利进行。本文所用数据包括作者采集样本提取和从 GenBank 收集的 *psa*A 基因共 42 条（见表 2.3）。用 Clustal X 软件（Thompson et al.，1997）进行序列对位排列，经人工检查校对，得到每条序列均由 231 个密码子组成的序列数据供系统发育分析。利用 MEGA5.0 分析序列特征（Tamura et al.，2011），运行 Modeltest 软件（Posada et al.，2004），筛选核苷酸最优进化模型。采用 ML（Rannala et al.，1996）运行 PhyML 3.0 构建系统发育树（Guindon et al.，2010），重复次数设置为 1 000 次，计算结果输入 Figtree 1.4.2 进行编辑（http：//

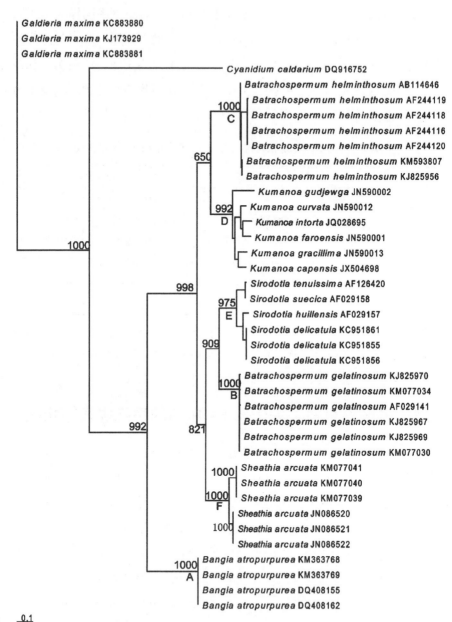

图 2.1 基于 *rbc*L 基因序列构建的系统发育树

注：节点处的数字代表最大似然法步靴值，A、B、C、D、E、F 均代表选定的分支。下同。

tree. bio. ed. ac. uk/software/figtree/)。

表 2.3　用于本研究的种类及 *psa*A 基因的 GenBank 登录号

种类	GenBank 登录号
暗紫红藻	AY119698、KM389627
鸭形串珠藻（*Batrachospermum anatinum*）	KM389626
B. cayennense	KM055290、KM055291
胶串珠藻	DQ787596、KF806488、KM055293
扁圆串珠藻	KM055294
洪洞串珠藻（*B. hondongense*）	KF806487
长柄串珠藻（*B. longipedicellatum*）	KF806486
B. turfosum	KT802815
可疑熊野藻（*Kumanoa ambigua*）	KT802816
弯形熊野藻	KF806484
绞扭熊野藻	KF806483
K. louisianae	KT802817
Nocturama antipodites	KT802805、KT802806
Nothocladu sater	KT802807、KT802808
N. sbourrelli	KT802809
N. sdiscors	KT802810
N. snodosus	KM055281
N. spseudogelatinosus	KT802811
N. spuiggarianus	KT802812
N. swattsii	KT802813
美国西斯藻（*Sheathia americana*）	KM055286
弧形西斯藻	KF806485
S. confusa	KM055292
S. exigua	KM055284
S. involuta	KM055287
瑞典连珠藻	KM088285
Thorea gaudichaudii	KM005117
棘刺红索藻（*T. hispida*）	JN171698、KM005118
T. okadae	KM005119
T. riekei	KM005120
蓝色红索藻（*T. violacea*）	AY119712

基于选取的 *psa*A 基因序列，通过 Modeltest 软件筛选得到核苷酸最优进化模型为 GRT+I+G（假设核苷酸位点替换具有可逆性，G 代表 gamma 分布的形状参数，I 代表不变位点的比例），模型参数见表 2.4。基于此模型构建了系统发育树（见图 2.2），使用的构树方法为 ML，以 *Galdieria maxima* 和 *Cyanidium caldarium* 为外类群。从系统发育树可以看出，除了外类群，所有内类群聚集为 9 个分支。其中，分支 A 包含假枝藻属（*Nothocladus*）的 7 个种的 8 个品系；分支 B 为 *Nocturama* 属的两个品系，分支 C 由西斯藻属（*Sheathia*）5 个种和串珠藻属（*Batrachospermum*）3 个种组成，后验概率为 99.1%，显示它们之间具有密切的亲缘关系；分支 D 为一株瑞典连珠藻；分支 E 为 3 株胶串珠藻，后验概率为 97.7%；分支 F 由熊野藻属 4 个种构成，后验概率为 100%；分支 G 包括串珠藻属 3 种 4 株；分支 H 包括 2 株暗紫红毛菜，后验概率 100%；分支 I 包含红索藻属（*Thorea*）5 种 6 株，后验概率 97.2%。据此，选定这 9 个分支供后面的适应性进化分析（巩超彦等，2019）。

表 2.4 Modeltest 3.7 检验得到的 *psa*A 基因最优进化模型参数

模型及参数	碱基频率	矩阵参数
GTR+I+G		R［A–C］= 4.486 8
	freqA = 0.357 8	R［A–G］= 4.890 2
−ln*L* = 7 867.934 1	freqC = 0.113 8	R［A–T］= 0.376 9
K = 10	freqG = 0.145 5	R［C–G］= 3.639 9
（I）= 0.426 9	freqT = 0.382 9	R［C–T］= 22.796 8
（G）= 0.826 8		R［G–T］= 1.000 0

注：GTR+I+G 为 *psa*A 基因最优进化模型。GTR（general time reversible）：总体时间可逆模型；K（number of estimated parameters）：估算参数数目；I（invariable site）：保守位点的比率；R［A–C］指碱基 A–C 替换的比率，其余为对应碱基替换的比率。

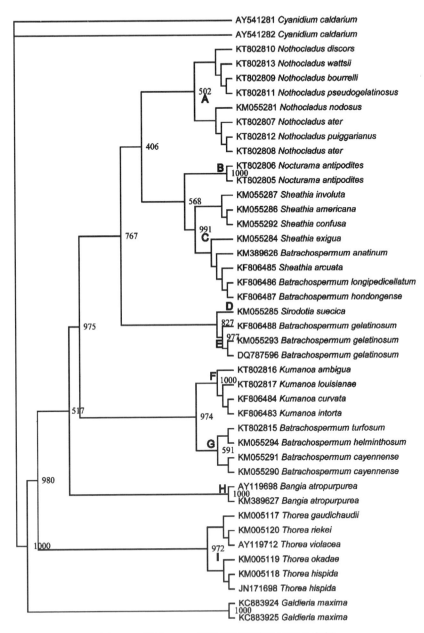

图 2.2 基于 *psa*A 基因序列构建的系统发育树

2.1.3 串珠藻目植物基于 *psb*A 序列的系统发育树构建

　　*psb*A 基因是藻类植物的叶绿体基因中一个重要的能进行光调节的基因，它能编码一种类囊体膜蛋白，即 PS II RC 的重要蛋白 Qβ 蛋白，也就是我们说的 D1 蛋白，该蛋白作为重要的光系统核心亚基，一方面能够供应结合位点给各种类别的辅助因子去维持光系统 II 反应中心的结构稳固；另一方面与原初电荷的分离及电子的传递息息相关（Hardison et al.，1995）。为了解该基因是否发生过适应性进化，本节分析研究该基因内部的共进化关系对生物适应生存环境究竟产生了怎样的影响，所用数据包括作者采集样本提取和从 GenBank 收集的 *psb*A 基因共 45 条（表 2.5）。用 Clustal X 软件进行序列对位排列，经人工检查校对，得到每条序列均由 278 个密码子组成的序列数据供系统发育分析。利用 MEGA 5.0 分析序列特征（Tamura et al.，2011），运行 Modeltest 软件（Posada et al.，2004），筛选核苷酸最优进化模型。采用 ML（Rannala et al.，1996）运行 PhyML 3.0 构建系统发育树（Guindon et al.，2010），重复次数设置为 1 000 次，计算结果输入 Figtree1.4.2 进行编辑（http：//tree.bio.ed.ac.uk/software/figtree/）。

表 2.5　用于本研究的种类及 *psb*A 基因的 GenBank 登录号

种类	GenBank 登录号
暗紫红毛藻	AY119734、KM389630
鸭形串珠藻	KM389629
Batrachospermum cayennense	KM055273、KM055279
胶串珠藻	DQ787636、KM055276
扁圆串珠藻	KM055278
洪洞串珠藻	KF806493
大孢串珠藻（*Batrachospermum macrosporum*）	KT802832
Batrachospermum serendipidum	KT802819
Batrachospermum turfosum	KT802833

续表

种类	GenBank 登录号
可疑熊野藻	KT802834
绞扭熊野藻	KF806489
Kumanoa louisianae	KT802835
K. montagnei	KM055275
K. procarpa	KM055277
Nocturama antipodites	KT802820、KT802821
Nothocladus ater	KT802822、KT802823
N. bourrelli	KT802824
N. discors	KT802825
N. kraftii	KT802826
N. nodosus	KM055263
N. pseudogelatinosus	KT802827
N. puiggarianus	KT802828
N. theaquus	KT802829
N. verruculosus	KT802830
N. wattsii	KT802831
美国西斯藻	KM055269
弧形西斯藻	KF806491
Sheathia confusa	KM055274
S. exigua	KM055267
S. involuta	KM055270
瑞典连珠藻	KM055268
Thorea gaudichaudii	KM005127、KM005128
棘刺红索藻	JN171699、KM005129、KU297883
Thorea okadae	KM005130
T. riekei	KM005131、KM005132
蓝色红索藻	AY119747

　　基于选取的 *psb*A 基因序列，通过 Modeltest 软件筛选得到核苷酸最优进化模型为 GRT+I+G（假设核苷酸位点替换具有可逆性，G 代表 gamma 分布

的形状参数，I 代表不变位点的比例），模型参数见表 2.6。基于此模型构建了系统发育树（见图 2.3），使用的构树方法为 ML。

表 2.6　Modeltest 3.7 软件检测得到的 *psb*A 基因的优化模型参数

模型参数	碱基频率	矩阵参数
GTR+I+G		R［A-C］= 0.907 9
−ln$L$ = 8233.1201	freqA = 0.279 6	R［A-G］= 5.834 4
K = 10	freqC = 0.157 7	R［A-T］= 2.027 8
（I）= 0.5830	freqG = 0.178 8	R［C-G］= 0.617 7
（G）= 1.4876	freqT = 0.383 9	R［C-T］= 12.541 0
		R［G-T］= 1.000 0

　　从系统发育树中（图 2.3）可以看出：所有序列主要分为 10 个类群，除了外类群之外，分别编为 A、B、C、D、E、F、G、H、I 支。其中，分支 A 为一株连珠藻；分支 B 为假枝藻属的 10 个种的 11 个品系；分支 C 为两株胶串珠藻，后验概率为 99.1%，胶串珠藻是串珠藻属的代表物种；分支 D 包括两株 *Nocturama antipodites*，*Nocturama* 属为近些年来根据分子生物学的研究新成立的；分支 E 由西斯藻属 5 个种和串珠藻属 2 个种组成，后验概率为 100%，提示它们之间具有很近的亲缘关系；分支 F 由熊野藻属 5 个种构成，后验概率为 99.8%；分支 G 包括串珠藻属 4 种 5 株；分支 H 包含红索藻属 6 种 9 株，后验概率为 96.2%；分支 I 包括 2 株暗紫红毛菜，后验概率为 98.3%。据此，选定这 9 个分支供后面的适应性进化分析。近些年来，分子生物学的研究手段越来越多地应用于串珠藻目植物的系统发育研究中，如熊野藻属、西斯藻属、*Setacea*、*Petrohua* 和 *Nocturama* 等。因此，图 2.3 展现的系统发育树中有不同属的植株聚类在一起也是合理的（巩超彦 等，2019）。

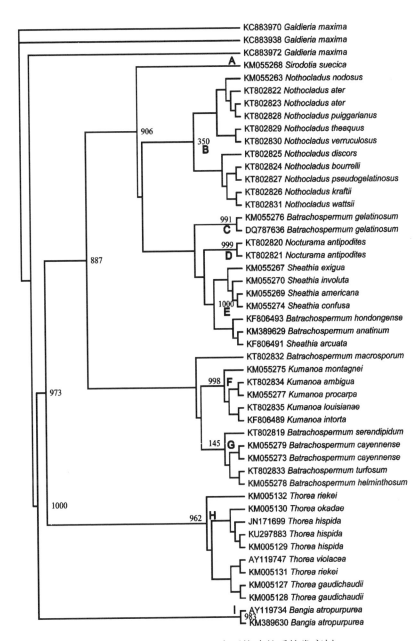

图 2.3　基于 *psb*A 基因序列构建的系统发育树

2.2　串珠藻目植物适应性进化分析

2.2.1　串珠藻目植物基于 *rbc*L 序列的适应性进化分析

利用 PAML 4.8 软件（Yang，2007），运行位点模型、分支模型及分支-位点模型，对选取类群的 *rbc*L 基因进行了适应性进化分析。在分支模型中，假定不同分支的 ω 值是不同的，检测结果提示各分支的选择压力（Yang，1998）。单比率（one ratio）模型是分支模型中最简单的模型，该模型假定进化树上所有分支的比率相同，为 ω_0。自由比率（free ratio）模型是最全面的模型，该模型假定不同分支有不同的比率。在这两种模型之间还运用了二比率模型。为了验证哪个模型更可靠，要对所有备择假设模型进行 LRT 检验（likelihood ratio testes），在对应的自由度（两模型参数个数之差）下，利用二倍对数似然值之差的绝对值的 χ^2 检验来确定备择模型是否可靠（Yang et al.，2000）。分支模型下单比率模型是后两种模型的零假设模型。

位点模型是用于检验 *rbc*L 基因是否存在经受正选择（$\omega>1$）和负选择（$\omega<1$）的位点（Yang et al.，2000）。在位点模型中，允许不同位点有不同的选择压力，而在系统树的不同分支之间无差异。本节采用了 3 对模型，即 M1a（近中性）对 M2a（选择），M0（单一比值）对 M3（离散），M7（beta）对 M8（beta & ω）（Nielsen et al.，1998；Yang et al.，2000），后者均为备择假设，前者是后者的零假设。对 3 对模型分别进行 LRT 检验。

在分支-位点模型中，首先对系统发育树中目标分支进行指定，其余分支则为背景支，然后检验目标分支中是否存在正选择位点（Hong et al.，1997）。分支-位点模型的 LRT 检验，根据开发者的推荐选择了 test2 模型，将 MA 和无效模型（ω 固定为 1）进行比较。

　　基于 *rbc*L 序列的选择位点的鉴定结果见表 2.7 和表 2.8。分支模型中自由比率模型显示，分支 A、B、C、D、E、F 的 ω 值均小于 1，意味着各分支均处于负选择下，但经过与单比率模型进行 LRT 检验，表明此模型不可靠。二比率模型中，指定分支 A、B、C、D、E、F 为前景支，其余为背景支，估算各前景支的 ω 值，结果显示，只有 F 分支的 $\omega>1$，$\omega_F = 7.438\,2$，显示这一分支中可能有正选择位点的存在，LRT 检验也支持这点。在位点

表 2.7　基于 *rbc*L 序列各模型对数似然值和参数估计值

	模型	参数个数	似然值 ln*L*	参数估计值	正选择位点
分支模型	单比率模型 M0	77	−6 261.664 351	$\omega_0 = 0.010\,5$	无
	二比率模型 A	78	−6 261.398 718	$\omega_0 = 0.010\,6,\ \omega_1 = 0.006\,5$	无
	二比率模型 B	78	−6 260.583 442	$\omega_0 = 0.011\,1,\ \omega_1 = 0.000\,1$	无
	二比率模型 C	78	−6 261.557 625	$\omega_0 = 0.010\,7,\ \omega_1 = 0.008\,5$	无
	二比率模型 D	78	−6 270.500 853	$\omega_0 = 0.008\,1,\ \omega_1 = 0.015\,1$	无
	二比率模型 E	78	−6 261.347 013	$\omega_0 = 0.010\,7,\ \omega_1 = 0.006\,4$	无
	二比率模型 F	78	−6 275.018 856	$\omega_0 = 0.009\,4,\ \omega_1 = 7.438\,2$	无
	自由比率模型 G	151	−6 229.885 950	$\omega_A = 0.006\,1,\ \omega_B = 0.000\,1$ $\omega_C = 0.008\,6,\ \omega_D = 0.003\,2$ $\omega_E = 0.007\,0,\ \omega_F = 0.003\,5$	无
位点模型	M1a（近中性）	78	−6 249.352 513	$p_0 = 0.983\,05,\ p_1 = 0.016\,95$ $\omega_0 = 0.007\,54,\ \omega_1 = 1.000\,00$	无应答
	M2a（选择）	80	−6 249.352 543	$p_0 = 0.983\,05,\ p_1 = 0.016\,95,\ p_2 = 0.000\,00$ $\omega_0 = 0.007\,54,\ \omega_1 = 1.000\,00,\ \omega_2 = 33.584\,72$	无
	M3（离散）	81	−6 182.312 217	$p_0 = 0.785\,05,\ p_1 = 0.173\,51,\ p_2 = 0.041\,45$ $\omega_0 = 0.001\,99,\ \omega_1 = 0.029\,32,\ \omega_2 = 0.118\,38$	无
	M7（beta）	78	−6 184.435 382	$p = 0.196\,51,\ q = 14.337\,22$	无应答
	M8（beta & ω）	80	−6 184.439 166	$p_0 = 0.999\,99,\ p = 0.196\,51,\ q = 14.337\,14$ $p_1 = 0.000\,01,\ \omega_s = 2.420\,01$	无

续表

模型	参数个数	似然值 $\ln L$	参数估计值	正选择位点
备择假设 A	80	−6 235.903 461	$p_{2a}=0.025\,85$, $p_{2b}=0.000\,43$ $\omega_{b1}=0.007\,44$, $\omega_{b2}=1.000\,00$ $\omega_{f1}=999.000\,00$, $\omega_{f2}=999.000\,00$	277L* 280L*
零假设 A0	79	−6 239.710 868	$p_{2a}=0.022\,84$, $p_{2b}=0.000\,48$ $\omega_{b1}=0.007\,16$, $\omega_{b2}=1.000\,00$ $\omega_{f1}=1.000\,00$, $\omega_{f2}=1.000\,00$	无应答
备择假设 B	80	−6 249.352 525	$p_{2a}=0$, $p_{2b}=0$ $\omega_{b1}=0.007\,54$, $\omega_{b2}=1.000\,00$ $\omega_{f1}=1.000\,00$, $\omega_{f2}=1.000\,00$	无
零假设 B0	79	−6 249.352 513	$p_{2a}=0$, $p_{2b}=0$ $\omega_{b1}=0.007\,54$, $\omega_{b2}=1.000\,00$ $\omega_{f1}=1.000\,00$, $\omega_{f2}=1.000\,00$	无应答
备择假设 C	80	−6 249.236 553	$p_{2a}=0.003$, $p_{2b}=0.000\,05$ $\omega_{b1}=0.007\,44$, $\omega_{b2}=1.000\,00$ $\omega_{f1}=1.212\,34$, $\omega_{f2}=1.212\,34$	277L*
零假设 C0	79	−6 249.239 136	$p_{2a}=0.003\,31$, $p_{2b}=0.000\,06$ $\omega_{b1}=0.007\,43$, $\omega_{b2}=1.000\,00$ $\omega_{f1}=1.000\,00$, $\omega_{f2}=1.000\,00$	无应答
备择假设 D	80	−6 249.352 521	$p_{2a}=0$, $p_{2b}=0$ $\omega_{b1}=0.007\,54$, $\omega_{b2}=1.000\,00$ $\omega_{f1}=1.000\,00$, $\omega_{f2}=1.000\,00$	无
零假设 D0	79	−6 249.352 519	$p_{2a}=0$, $p_{2b}=0$ $\omega_{b1}=0.007\,54$, $\omega_{b2}=1.000\,00$ $\omega_{f1}=1.000\,00$, $\omega_{f2}=1.000\,00$	无应答
备择假设 E	80	−6 249.352 513	$p_{2a}=0$, $p_{2b}=0$ $\omega_{b1}=0.007\,54$, $\omega_{b2}=1.000\,00$ $\omega_{f1}=1.000\,00$, $\omega_{f2}=1.000\,00$	无
零假设 E0	79	−6 249.352 513	$p_{2a}=0$, $p_{2b}=0$ $\omega_{b1}=0.007\,54$, $\omega_{b2}=1.000\,00$ $\omega_{f1}=1.000\,00$, $\omega_{f2}=1.000\,00$	无应答
备择假设 F	80	−6 243.211 594	$p_{2a}=0.002\,79$, $p_{2b}=0.000\,05$ $\omega_{b1}=0.007\,17$, $\omega_{b2}=1.000\,00$ $\omega_{f1}=321.613\,89$, $\omega_{f2}=321.613\,89$	350S**
零假设 F0	79	−6 246.193 907	$p_{2a}=0.004\,29$, $p_{2b}=0.000\,08$ $\omega_{b1}=0.007\,16$, $\omega_{b2}=1.000\,00$ $\omega_{f1}=1.000\,00$, $\omega_{f2}=1.000\,00$	无应答

分支-位点模型

注：在95%和99%后验概率下检测出的正选择位点分别用 $*$ 和 $**$ 标出。ω 表示估算出的对应位点或分支 dN、dS 的比值，p 表示统计概率。

表 2.8　基于 *rbc*L 序列 LRT 检验统计量

模型	模型比较	$2\Delta L$	自由度 df	概率 p
	M0 *vs*. A	0. 531 266	1	0. 466 1
	M0 *vs*. B	2. 161 8	1	0. 141 5
	M0 *vs*. C	0. 213 5	1	0. 644
分支模型	M0 *vs*. D	17. 673**	1	<0. 01
	M0 *vs*. E	0. 634 7	1	0. 425 6
	M0 *vs*. F	26. 709**	1	<0. 01
	M0 *vs*. G	3. 556 8	74	0. 801 5
	M0 *vs*. M3	158. 70**	4	<0. 01
位点模型	M1a *vs*. M2a	0. 000 06	2	1
	M7 *vs*. M8	0. 007 57	2	1
	a *vs*. a0	7. 61**	1	<0. 01
	b *vs*. b0	0	1	1
分支-位点模型	c *vs*. c0	0. 01	1	0. 92
	d *vs*. d0	0	1	1
	e *vs*. e0	0	1	1
	f *vs*. f0	5. 96*	1	0. 01

注：＊表示差异显著（$p<0.05$）；＊＊表示差异极显著（$p<0.01$）。

模型中，模型 M2a（选择）、模型 M3（离散）、模型 M8（beta & ω）均允许 ω 值大于 1。经 LRT 检验，M2a 和 M8 模型均无对应的可靠零假设，M3 模型则显著优于其对应的零假设。但是，比较模型并非用来检测正选择位点，而是检验各位点是否取不同的 ω 值。本研究显示各位点的 ω 值是不同的，在位点模型下均未检测出正选择位点，表现出 *rbc*L 基因受到强烈的负选择。分支-位点模型是研究指定分支相较于其他分支是否存在适应性进化。本节 6 个分支中，只有分支 A 暗紫红毛菜的 277L 和 280L，以及分支 F 弧形西斯藻的 350S 被鉴定为正选择位点。LRT 检验也肯定了其存在。此外，分支 C 扁圆串珠藻检测出了 277L 为正选择位点，但经 LRT 检验，认为备择假设不可靠，拒绝其存在。与分支 B、D、E 中 MA 模型相比，单比率模型更合适（巩超彦 等，2017）。

2.2.2 串珠藻目植物基于 *psa*A 序列的适应性进化分析

利用 PAML 4.8 软件（Yang，2007），运行位点模型、分支模型及分支-位点模型，对选取类群的 *psa*A 基因进行了适应性进化分析。选择位点的鉴定结果见表 2.9 和表 2.10。

表 2.9 基于 *psa*A 序列的各模型对数似然值和参数估计值

	模型	参数个数	似然值 ln$L$	参数估计值	正选择位点
	单比率模型 M0	83	−7 299.243 315	$\omega_0 = 0.021\ 33$	无
	二比率模型 A	84	−7 299.125 413	$\omega_0 = 0.021\ 25$, $\omega_1 = 0.037\ 78$	无
	二比率模型 B	84	−7 298.419 119	$\omega_0 = 0.020\ 90$, $\omega_1 = 0.039\ 19$	无
	二比率模型 C	84	−7 298.297 488	$\omega_0 = 0.020\ 94$, $\omega_1 = 0.051\ 39$	无
	二比率模型 D	84	−7 298.584956	$\omega_0 = 0.021\ 67$, $\omega_1 = 0.011\ 87$	无
	二比率模型 E	84	−7 298.970 174	$\omega_0 = 0.0211\ 4$, $\omega_1 = 0.035\ 55$	无
分支模型	二比率模型 F	84	−7 298.846 887	$\omega_0 = 0.021\ 57$, $\omega_1 = 0.012\ 12$	无
	二比率模型 G	84	−7 299.163 854	$\omega_0 = 0.021\ 45$, $\omega_1 = 0.012\ 97$	无
	二比率模型 H	84	−7 299.117 045	$\omega_0 = 0.021\ 57$, $\omega_1 = 0.017\ 09$	无
	二比率模型 I	84	−7 298.118 479	$\omega_0 = 0.020\ 94$, $\omega_1 = 0.147\ 55$	无
	自由比率模型	163	−7 252.711 506	$\omega_A = 0.058\ 28$, $\omega_B = 0.039\ 89$ $\omega_C = 0.038\ 03$, $\omega_D = 0.011\ 33$ $\omega_E = 0.039\ 27$, $\omega_F = 0.014\ 30$ $\omega_G = 0.010\ 88$, $\omega_H = 0.018\ 51$ $\omega_I = 0.033\ 58$	无
	M1a（近中性）	84	−7 232.114 885	$p_0 = 0.976\ 28$, $p_1 = 0.023\ 72$ $\omega_0 = 0.016\ 93$, $\omega_2 = 1.000\ 00$	无应答
	M2a（选择）	86	−7 232.114 885	$p_0 = 0.976\ 28$, $p_1 = 0.023\ 72$, $p_2 = 0.000\ 00$ $\omega_0 = 0.016\ 93$, $\omega_1 = 1.000\ 00$, $\omega_2 = 6.652\ 50$	无
位点模型	M3（离散）	87	−7 101.782 395	$p_0 = 0.715\ 50$, $p_1 = 0.253\ 96$, $p_2 = 0.030\ 53$ $\omega_0 = 0.002\ 62$, $\omega_1 = 0.049\ 61$, $\omega_2 = 0.272\ 37$	无
	M7（beta）	84	−7 107.785 607	$p = 0.205\ 89$, $q = 6.216\ 22$	无应答
	M8（beta & ω）	86	−7 107.787 915	$p_0 = 0.999\ 99$, $p = 0.205\ 89$, $q = 6.216\ 23$ $p_1 = 0.000\ 01$, $\omega_s = 2.194\ 14$	无

续表

模型	参数个数	似然值 lnL	参数估计值	正选择位点
备择假设 A	86	−7 232.114 885	$p_{2a}=0.000\,00,\ p_{2b}=0.000\,00$ $\omega_{b1}=0.016\,93,\ \omega_{b2}=1.000\,00$ $\omega_{f1}\,1.000\,00,\ \omega_{f2}=1.000\,00$	无
零假设 A0	85	−7 232.114 885	$p_{2a}=0.000\,00,\ p_{2b}=0.000\,00$ $\omega_{b1}=0.016\,93,\ \omega_{b2}=1.000\,00$ $\omega_{f1}=1.000\,00,\ \omega_{f2}=1.000\,00$	无应答
备择假设 B	86	−7 232.114 885	$p_{2a}=0,\ p_{2b}=0$ $\omega_{b1}=0.016\,93,\ \omega_{b2}=1.000\,00$ $\omega_{f1}=1.000\,00,\ \omega_{f2}=1.000\,00$	无
零假设 B0	85	−7 232.114 885	$p_{2a}=0,\ p_{2b}=0$ $\omega_{b1}=0.016\,93,\ \omega_{b2}=1.000\,00$ $\omega_{f1}=1.000\,00,\ \omega_{f2}=1.000\,00$	无应答
备择假设 C	86	−7 232.060 962	$p_{2a}=0.007\,13,\ p_{2b}=0.000\,17$ $\omega_{b1}=0.016\,87,\ \omega_{b2}=1.000\,00$ $\omega_{f1}=1.000\,00,\ \omega_{f2}=1.000\,00$	186F
零假设 C0	75	−7 232.060 962	$p_{2a}=0.007\,13,\ p_{2b}=0.000\,17$ $\omega_{b1}=0.016\,987,\quad \omega_{b2}=1.000\,00$ $\omega_{f1}=1.000\,00,\ \omega_{f2}=1.000\,00$	无应答
备择假设 D	86	−7 232.114 885	$p_{2a}=0,\ p_{2b}=0$ $\omega_{b1}=0.016\,93,\ \omega_{b2}=1.000\,00$ $\omega_{f1}=1.000\,00,\ \omega_{f2}=1.000\,00$	无应答
零假设 D0	85	−7 232.114 885	$p_{2a}=0,\ p_{2b}=0$ $\omega_{b1}=0.016\,93,\ \omega_{b2}=1.000\,00$ $\omega_{f1}=1.000\,00,\ \omega_{f2}=1.000\,00$	无应答
备择假设 E	86	−7 232.104 139	$p_{2a}=0.003\,30,\ p_{2b}=0.000\,08$ $\omega_{b1}=0.016\,90,\ \omega_{b2}=1.000\,00$ $\omega_{f1}=1.000\,00,\ \omega_{f2}=1.000\,00$	100A
零假设 E0	85	−7 232.104 139	$p_{2a}=0.003\,30,\ p_{2b}=0.000\,8$ $\omega_{b1}=0.016\,90,\ \omega_{b2}=1.000\,00$ $\omega_{f1}=1.000\,00,\ \omega_{f2}=1.000\,00$	无应答

分支-位点模型（行首跨列标题）

续表

模型		参数个数	似然值 lnL	参数估计值	正选择位点
分支-位点模型	备择假设 F	86	-7 232.114 885	$p_{2a}=0.000\ 00$, $p_{2b}=0.000\ 00$ $\omega_{b1}=0.016\ 93$, $\omega_{b2}=1.000\ 00$ $\omega_{f1}=1.000\ 00$, $\omega_{f2}=1.000\ 00$	无
	零假设 F0	85	-7 232.114 885	$p_{2a}=0.000\ 00$, $p_{2b}=0.000\ 00$ $\omega_{b1}=0.016\ 93$, $\omega_{b2}=1.000\ 00$ $\omega_{f1}=1.000\ 00$, $\omega_{f2}=1.000\ 00$	无应答
	备择假设 G	86	-7 232.114 885	$p_{2a}=0.000\ 00$, $p_{2b}=0.000\ 00$ $\omega_{b1}=0.016\ 93$, $\omega_{b2}=1.000\ 00$ $\omega_{f1}=1.000\ 00$, $\omega_{f2}=1.000\ 00$	无
	零假设 G0	85	-7 232.114 885	$p_{2a}=0.000\ 00$, $p_{2b}=0.000\ 00$ $\omega_{b1}=0.016\ 93$, $\omega_{b2}=1.000\ 00$ $\omega_{f1}=1.000\ 00$, $\omega_{f2}=1.000\ 00$	无应答
	备择假设 H	86	-7 228.393 886	$p_{2a}=0.012\ 00$, $p_{2b}=0.000\ 29$ $\omega_{b1}=0.016\ 57$, $\omega_{b2}=1.000\ 00$ $\omega_{f1}=15.84\ 422$, $\omega_{f2}=15.844\ 22$	90C * 199A
	零假设 H0	85	-7 228.984 386	$p_{2a}=0.016\ 66$, $p_{2b}=0.000\ 41$ $\omega_{b1}=0.016\ 47$, $\omega_{b2}=1.000\ 00$ $\omega_{f1}=1.000\ 00$, $\omega_{f2}=1.000\ 00$	无应答
	备择假设 I	86	-7 231.115 744	$p_{2a}=0.975\ 96$, $p_{2b}=0.024\ 04$ $\omega_{b1}=0.016\ 43$, $\omega_{b2}=1.000\ 00$ $\omega_{f1}=1.000\ 00$, $\omega_{f2}=1.000\ 00$	99 A 132 A 179 M
	零假设 I0	85	-7 231.115 745	$p_{2a}=0.975\ 94$, $p_{2b}=0.024\ 04$ $\omega_{b1}=0.016\ 43$, $\omega_{b2}=1.00\ 000$ $\omega_{f1}=1.000\ 00$, $\omega_{f2}=1.000\ 00$	无应答

注：同表 2.7。

表 2.10　基于 *psa*A 序列的 LRT 检验统计量

模型	模型比较	2ΔL	自由度 df	概率 p
分支模型	M0 *vs.* A	0. 235 474	1	0. 627 5
	M0 *vs.* B	1. 648 062	1	0. 199 2
	M0 *vs.* C	1. 891 324	1	0. 169 1
	M0 *vs.* D	1. 316 388	1	0. 251 2
	M0 *vs.* E	0. 545 952	1	0. 400 0
	M0 *vs.* F	0. 792 526	1	0. 373 3
	M0 *vs.* G	0. 158 592	1	0. 690 5
	M0 *vs.* H	0. 252 21	1	0. 615 5
	M0 *vs.* I	2. 249 342	1	0. 133 7
	M0 *vs.* Free	93. 063 288	80	0. 150 7
位点模型	M0 *vs.* M3	394. 922	4	0
	M1a *vs.* M2a	0	2	1
	M7 *vs.* M8	0. 004 62	2	0. 997 69
分支-位点模型	a *vs.* a0	0	1	1
	b *vs.* b0	0	1	1
	c *vs.* c0	0	1	1
	d *vs.* d0	0	1	1
	e *vs.* e0	0	1	1
	f *vs.* f0	0	1	1
	g *vs.* g0	0	1	1
	h *vs.* h0	1. 181	1	0. 277 2
	i *vs.* i0	0	1	1

　　分支模型中自由比率模型显示，分支 A、B、C、D、E、F、G、H、I 的 ω 值均小于 1，意味着各分支均处于强烈的负选择下。但是，经过与单比率模型进行 LRT 检验，表明此模型并不可靠。二比率模型中，指定分支 A、B、C、D、E、F、G、H、I 为前景支，其余为背景支，估算各前景支的 ω 值。结果显示，各分支 ω 值均小于 1，表明各分支均处于强烈的负选择下，LRT 检验也支持这一结果（巩超彦 等，2019）。

在位点模型中,模型 M2a (选择)、模型 M3 (离散)、模型 M8 (beta & ω) 均允许 ω 值大于 1。经 LRT 检验,M2a 和 M8 模型均没有对应的可靠零假设,M3 模型则显著优于其对应的零假设。其中,比较模型 M0 和 M3 并非用来检测正选择位点,而是检验各位点是否可取不同的 ω 值。本节研究结果显示各位点的 ω 值是不同的,但在位点模型下均没有检测出正选择位点,表明 psaA 基因受到强烈的负选择 (巩超彦 等, 2019)。

分支-位点模型是为了研究指定分支相较于其他分支是否存在适应性进化。本节 9 个分支中,分支 C 西斯藻属的 186F,分支 E 胶串珠藻的 100A,分支 H 暗紫红毛菜的 90C、199A,以及分支 I 红索藻属的 99A、132A、179M 均被鉴定为正选择位点,但 LRT 检验均显示上述结果不可靠。另外,分支 A、B、D、F、G 的备择假设经 LRT 检验均被拒绝 (巩超彦 等,2019)。

2.2.3 串珠藻目植物基于 *psb*A 序列的适应性进化分析

利用 PAML4.8 软件 (Yang, 2007),运行位点模型、分支模型及分支-位点模型,对选取类群的 psbA 基因进行了适应性进化分析。选择位点的鉴定结果见表 2.11 和表 2.12。

分支模型下自由比率模型显示,分支 A、B、C、D、E、F、G、H、I 的 ω 值均小于 1,意味着各分支均处于强烈的负选择下。但是,经过与单比率模型进行 LRT 检验,表明此模型并不可靠。二比率模型中,指定分支 A、B、C、D、E、F、G、H、I 为前景支,其余为背景支,估算各前景支的 ω 值。结果显示,除分支 B (ωI = 683.993 11) 之外,其余各分支 ω 值均小于 1,提示分支 I 中可能有正选择位点的存在,但 LRT 检验不支持正选择位点的存在,其余各分支均处于强烈的负选择下,LRT 检验也支持这一结果。

在位点模型中,模型 M2a (选择)、模型 M3 (离散)、模型 M8 (beta & ω) 均允许各位点的 ω 值大于 1。经 LRT 检验,M2a 和 M8 模型均没有对应的零假设可靠，M3 模型则显著优于其对应的零假设，但比较模型 M0 和 M3 并非用来检测正选择位点，而是检验各位点是否可取不同的 ω 值。研究结果显示各位点的 ω 值是不同的，但在位点模型下均没有检测出正选择位点，表现出 psbA 基因受到强烈的负选择。

表 2.11　基于 psbA 序列的各模型对数似然值和参数估计值

	模型	参数个数	似然值 lnL	参数估计值	正选择位点
分支模型	单比率模型 M0	95	−7 535.341 584	$\omega_0 = 0.0.006\ 26$	无
	二比率模型 A	96	−7 535.146 359	$\omega_0 = 0.006\ 13$, $\omega_1 = 0.009\ 24$	无
	二比率模型 B	96	−7 535.083 155	$\omega_0 = 0.006\ 30$, $\omega_1 = 0.000\ 10$	无
	二比率模型 C	96	−7 534.570 737	$\omega_0 = 0.006\ 37$, $\omega_1 = 0.000\ 10$	无
	二比率模型 D	96	−7 534.466 973	$\omega_0 = 0.006\ 38$, $\omega_1 = 0.000\ 10$	无
	二比率模型 E	96	−7 535.308 469	$\omega_0 = 0.006\ 30$, $\omega_1 = 0.004\ 87$	无
	二比率模型 F	96	−7 535.282 716	$\omega_0 = 0.006\ 30$, $\omega_1 = 0.004\ 50$	无
	二比率模型 G	96	−7 535.218 283	$\omega_0 = 0.006\ 28$, $\omega_1 = 0.000\ 10$	无
	二比率模型 H	96	−7 535.341 547	$\omega_0 = 0.006\ 26$, $\omega_1 = 0.006\ 30$	无
	二比率模型 I	96	−7 529.909 677	$\omega_0 = 0.005\ 78$, $\omega_1 = 683.993\ 11$	无
	自由比率模型	187	−7 479.129 459	$\omega_A = 0.009\ 38$, $\omega_B = 0.000\ 1$ $\omega_C = 0.000\ 1$, $\omega_D = 0$ $\omega_E = 0.004\ 9$, $\omega_F = 0.004\ 51$ $\omega_G = 0.000\ 1$, $\omega_H = 0.006\ 88$ $\omega_I = 0.041\ 55$	无
位点模型	M1a（近中性）	96	−7 516.664 018	$p_0 = 0.995\ 80$, $p_1 = 0.004\ 20$ $\omega_0 = 0.005\ 46$, $\omega_2 = 1.000\ 00$	无应答
	M2a（选择）	98	−7 516.664 018	$p_0 = 0.995\ 80$, $p_1 = 0.004\ 20$, $p_2 = 0.000\ 00$ $\omega_0 = 0.005\ 46$, $\omega_1 = 1.000\ 00$, $\omega_2 = 21.091\ 72$	无
	M3（离散）	99	−7 465.164 558	$p_0 = 0.831\ 03$, $p_1 = 0.153\ 67$, $p_2 = 0.015\ 31$ $\omega_0 = 0.000\ 31$, $\omega_1 = 0.021\ 65$, $\omega_2 = 0.209\ 65$	无
	M7（beta）	96	−7 472.092 285	$p = 0.084\ 98$, $q = 8.403\ 65$	无应答
	M8（beta & ω）	98	−7 472.095 064	$p_0 = 0.999\ 99$, $p = 0.084\ 98$, $q = 8.403\ 66$ $p_1 = 0.000\ 01$, $\omega_s = 2.264\ 48$	无

续表

模型	参数个数	似然值 lnL	参数估计值	正选择位点
备择假设 A	98	−7 516.297 830	$p_{2a} = 0.008\ 04$, $p_{2b} = 0.000\ 03$ $\omega_{b1} = 0.005\ 28$, $\omega_{b2} = 1.000\ 00$ $\omega_{f1} = 1.000\ 00$, $\omega_{f2} = 1.000\ 00$	无
零假设 A0	97	−7 516.297 830	$p_{2a} = 0.008\ 04$, $p_{2b} = 0.000\ 03$ $\omega_{b1} = 0.005\ 28$, $\omega_{b2} = 1.000\ 00$ $\omega_{f1} = 1.000\ 00$, $\omega_{f2} = 1.000\ 00$	无应答
备择假设 B	98	−7 516.664 018	$p_{2a} = 0$, $p_{2b} = 0$ $\omega_{b1} = 0.005\ 46$, $\omega_{b2} = 1.000\ 00$ $\omega_{f1} = 1.000\ 00$, $\omega_{f2} = 1.000\ 00$	无
零假设 B0	97	−7 516.664 018	$p_{2a} = 0$, $p_{2b} = 0$ $\omega_{b1} = 0.005\ 46$, $\omega_{b2} = 1.000\ 00$ $\omega_{f1} = 1.000\ 00$, $\omega_{f2} = 1.000\ 00$	无应答
备择假设 C	98	−7 516.664 019	$p_{2a} = 0$, $p_{2b} = 0$ $\omega_{b1} = 0.005\ 46$, $\omega_{b2} = 1.000\ 00$ $\omega_{f1} = 1.000\ 00$, $\omega_{f2} = 1.000\ 00$	186F
零假设 C0	97	−7 516.664 018	$p_{2a} = 0$, $p_{2b} = 0$ $\omega_{b1} = 0.005\ 46$, $\omega_{b2} = 1.000\ 00$ $\omega_{f1} = 1.000\ 00$, $\omega_{f2} = 1.000\ 00$	无应答
备择假设 D	98	−7 516.664 020	$p_{2a} = 0$, $p_{2b} = 0$ $\omega_{b1} = 0.005\ 46$, $\omega_{b2} = 1.000\ 00$ $\omega_{f1} = 1.000\ 00$, $\omega_{f2} = 1.000\ 00$	无
零假设 D0	97	−7 516.664 018	$p_{2a} = 0$, $p_{2b} = 0$ $\omega_{b1} = 0.005\ 46$, $\omega_{b2} = 1.000\ 00$ $\omega_{f1} = 1.000\ 00$, $\omega_{f2} = 1.000\ 00$	无应答
备择假设 E	98	−7 516.664 020	$p_{2a} = 0$, $p_{2b} = 0$ $\omega_{b1} = 0.005\ 46$, $\omega_{b2} = 1.000\ 00$ $\omega_{f1} = 1.000\ 00$, $\omega_{f2} = 1.000\ 00$	无
零假设 E0	97	−7 516.664 020	$p_{2a} = 0$, $p_{2b} = 0$ $\omega_{b1} = 0.005\ 46$, $\omega_{b2} = 1.000\ 00$ $\omega_{f1} = 1.000\ 00$, $\omega_{f2} = 1.000\ 00$	无应答

分支-位点模型

续表

	模型	参数个数	似然值 $\ln L$	参数估计值	正选择位点
分支-位点模型	备择假设 F	98	−7 516.664 018	$p_{2a}=0$，$p_{2b}=0$ $\omega_{b1}=0.005\,46$，$\omega_{b2}=1.000\,00$ $\omega_{f1}=1.000\,00$，$\omega_{f2}=1.000\,00$	无
	零假设 F0	97	−7 516.664 019	$p_{2a}=0$，$p_{2b}=0$ $\omega_{b1}=0.005\,46$，$\omega_{b2}=1.000\,00$ $\omega_{f1}=1.000\,00$，$\omega_{f2}=1.000\,00$	无应答
	备择假设 G	98	−7 516.664 019	$p_{2a}=0$，$p_{2b}=0$ $\omega_{b1}=0.005\,46$，$\omega_{b2}=1.000\,00$ $\omega_{f1}=1.000\,00$，$\omega_{f2}=1.000\,00$	无
	零假设 G0	97	−7 516.664 018	$p_{2a}=0$，$p_{2b}=0$ $\omega_{b1}=0.005\,46$，$\omega_{b2}=1.000\,00$ $\omega_{f1}=1.000\,00$，$\omega_{f2}=1.000\,00$	无应答
	备择假设 H	98	−7 516.664 018	$p_{2a}=0$，$p_{2b}=0$ $\omega_{b1}=0.005\,46$，$\omega_{b2}=1.000\,00$ $\omega_{f1}=1.000\,00$，$\omega_{f2}=1.000\,00$	无
	零假设 H0	97	−7 516.664 018	$p_{2a}=0$，$p_{2b}=0$ $\omega_{b1}=0.005\,46$，$\omega_{b2}=1.000\,00$ $\omega_{f1}=1.000\,00$，$\omega_{f2}=1.000\,00$	无应答
	备择假设 I	98	−7 507.766 391	$p_{2a}=0.037\,33$，$p_{2b}=0.000\,15$ $\omega_{b1}=0.004\,82$，$\omega_{b2}=1.000\,00$ $\omega_{f1}=999.000\,00$，$\omega_{f2}=999.000\,00$	无
	零假设 I0	97	−7 508.801 368	$p_{2a}=0.06376$，$p_{2b}=0.000\,25$ $\omega_{b1}=0.004\,86$，$\omega_{b2}=1.000\,00$ $\omega_{f1}=1.000\,00$，$\omega_{f2}=1.000\,00$	无应答

注：在95%和99%后验概率下检测出的正选择位点分别用 * 和 * * 标出。表中 ω 表示估算出的对应位点或分支 dN、dS 的比值，p 表示统计概率。

表 2.12　基于 *psb*A 序列的 LRT 检验统计量

模型	模型比较	$2\Delta L$	自由度 df	概率 p
分支模型	M0 *vs*. A	0. 390 45	1	0. 627 5
	M0 *vs*. B	0. 516 858	1	0. 199 2
	M0 *vs*. C	1. 541 694	1	0. 169 1
	M0 *vs*. D	1. 749 222	1	0. 251 2
	M0 *vs*. E	0. 066 23	1	0. 400 0
	M0 *vs*. F	0. 117 736	1	0. 373 3
	M0 *vs*. G	0. 246 602	1	0. 690 5
	M0 *vs*. H	0. 000 074	1	0. 615 5
	M0 *vs*. I	10. 863814	1	0. 133 7
	M0 *vs*. Free	112. 424 25	92	0. 150 7
位点模型	M0 *vs*. M3	140. 354 052	4	0
	M1a *vs*. M2a	0	2	1
	M7 *vs*. M8	0. 005 558	2	0. 997 225
分支-位点模型	a *vs*. a0	0	1	1
	b *vs*. b0	0	1	1
	c *vs*. c0	0. 000 002	1	0. 998 872
	d *vs*. d0	0. 000 004	1	0. 998 404
	e *vs*. e0	0	1	1
	f *vs*. f0	0. 000 002	1	0. 998 872
	g *vs*. g0	0. 000 002	1	0. 998 872
	h *vs*. h0	0	1	1
	i *vs*. i0	2. 069 954	1	0. 150 226

　　分支-位点模型可以用于检验指定分支中是否存在正选择作用位点。本实验得出的结果是选定的 9 个分支均未检测出正选择位点，LRT 检验也支持这一结论。

2.3 正选择位点定位

2.3.1 *rbc*L 基因正选择位点定位

以胶串珠藻（串珠藻目，串珠藻科，串珠藻属的模式种，登录号为
AF029141）的 *rbc*L 序列为参考序列，经过对 PDB 数据库进行 BLAST 搜索
模板，得到一种喜温红藻 *Geldieria partita* 的 Rubisco 三维结构（PDB
ID：1BWV）（Sugawara et al.，1999），相似度 83.64%，符合同源建模的可靠
性要求，基于同源建模原理预测出参考 Rubisco 大亚基的三维结构（见图
版Ⅲ-1）。

将用于建模的序列 AF029141、程序分析序列（379 个氨基酸位点）和模
板 Rubisco 大亚基对应氨基酸序列用 Bioedit 软件进行比对，确定了被检测出
的正选择位点的相对位置（见图 2.4）。运用 Raswin 软件将正选择位点标定在
构建出的 Rubisco 大亚基的参考三维模型中（Sayle et al.，1995）。如图版Ⅲ-1
所示，被选出的正选择位点 277L、280L 位于 Rubisco 大亚基羧基末端保守的
8 个 α 螺旋和 8 个 β 片层构成的 α/β 桶状结构域中第 7 个 α 螺旋和第 7 个 β
片层之间的 loop 结构上，350S 位于羧基末端邻近 α/β 桶状结构域的一个 α 螺
旋上（巩超彦 等，2019）。

2.3.2 *psa*A 基因正选择位点定位

以胶串珠藻（串珠藻目，串珠藻科，串珠藻属的模式种，登录号为
KM055293）的 *psa*A 序列为参考序列，基于同源建模原理预测 *psa*A 蛋白的三
维结构。经过对 PDB 数据库进行 BLAST 搜索模板，得到一株蓝藻 *Thermosyn-
echococcus elongatus*（strain BP-1）的 *psa*A 蛋白三维结构（PDB ID：4FE1）
（Brunger et al.，2012），相似度 81.99%；另一株集胞藻属蓝藻（PCC 6803）

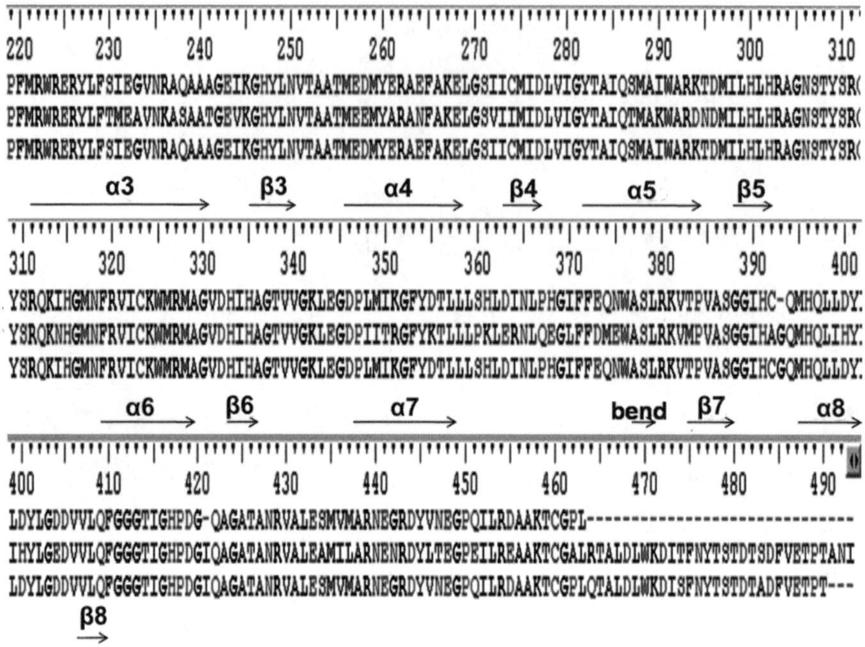

```
  220    230    240    250    260    270    280    290    300    310
PFMRWRERYLFSIEGVNRAQAAAGEIKGHYLNVTAATMEDMYERAEFAKELGSIICMIDLVIGYTAIQSMAIWARKTDMILHLHRAGNSTYSR(
PFMRWRERYLFTMEAVNKASAATGEVKGHYLNVTAATMEEMYARANFAKELGSVIIMIDLVIGYTAIQTMAKWARDNDMILHLHRAGNSTYSR(
PFMRWRERYLFSIEGVNRAQAAAGEIKGHYLNVTAATMEDMYERAEFAKELGSIICMIDLVIGYTAIQSMAIWARKTDMILHLHRAGNSTYSR(
```

　　α3　　　　　β3　　　α4　　　　β4　　　α5　　　　β5

```
  310    320    330    340    350    360    370    380    390    400
YSRQKIHGMNFRVICKWMRMAGVDHIHAGTVVGKLEGDPLMIKGFYDTLLLSHLDINLPHGIFFEQNWASLRKVTPVASGGIHC-QMHQLLDY.
YSRQKNHGMNFRVICKWMRMAGVDHIHAGTVVGKLEGDPIITRGFYKTLLLPKLERNLQEGLFFDMEWASLRKVMPVASGGIHAGQMHQLIHY.
YSRQKIHGMNFRVICKWMRMAGVDHIHAGTVVGKLEGDPLMIKGFYDTLLLSHLDINLPHGIFFEQNWASLRKVTPVASGGIHCGQMHQLLDY.
```

　　α6　　　β6　　　　α7　　　　　bend　　β7　　　α8

```
  400    410    420    430    440    450    460    470    480    490
LDYLGDDVVLQFGGGTIGHPDG-QAGATANRVALESMVMARNEGRDYVNEGPQILRDAAKTCGPL----------------------------
IHYLGEDVVLQFGGGTIGHPDGIQAGATANRVALEAMILARNENRDYLTEGPEILREAAKTCGALRTALDLWKDITFNYTSTDTSDFVETPTANI
LDYLGDDVVLQFGGGTIGHPDGIQAGATANRVALESMVMARNEGRDYVNEGPQILRDAAKTCGPLQTALDLWKDISFNYTSTDTADFVETPT---
```

　　β8

图 2.4　Rubisco 大亚基氨基酸序列对位排列

注：对应氨基酸下方箭头表示对应的 Rubisco 的二级结构。图中字母第一行代表 PAML 分析序列，第二行代表模板序列，第三行代表本文建模序列。

*psa*A 蛋白三维结构（PDB ID：4KT0）（Mazor et al.，2014），相似度 81.8%，均符合同源建模的可靠性要求。基于前者构建出了 *psa*A 蛋白的三维结构。由于前者氨基酸序列同分析序列比对有缺失，因此选取后者用于后续共进化分析（巩超彦 等，2019）。

2.3.3　*psb*A 基因正选择位点定位

　　以胶串珠藻（串珠藻目，串珠藻科，串珠藻属）的模式种，登录号为（DQ787636）的 *psb*A 序列为参考序列，基于同源建模原理预测 *psb*A 蛋白的三维结构。在 PDB 数据库进行 BLAST 搜索模板，得到一株拟南芥的 *psb*A 蛋白三维结构（PDB ID：5MDX）（van Bezouwen et al.，2017），相似度 91.03%，符合同源建模的可靠性要求。基于此构建出了 *psb*A 蛋白的三维结构（见图版Ⅲ 2~4），用于后续共进化分析。

2.4　串珠藻目植物共进化分析

2.4.1　*rbc*L 基因共进化分析

　　基于选取的基因序列和已解析的 Rubisco 大亚基三维结构（PDB ID：1BWV），运用基于 Pearson 相关系数法、参数检验法和互信息法（Mutual Information）等的 CAPS（Coevolution Analysis using Protein Sequences）软件分析 *rbc*L 蛋白内部的氨基酸共进化关系。

　　通过实验序列和已解析的 Rubisco 大亚基三维结构（PDB ID：1BWV）的比对确定对应氨基酸的具体位置，基于详细的解析数据，基于氨基酸对的相关系数统计出的共进化组（对）6 组（35 对）见表 2.13。序列中所有共进化氨基酸对的平均距离：27.821 8 Å，标准差：12.175 1。基于氨基酸疏水性相关性值统计出的共进化组（对）6 组（35 对）见表 2.14。基于氨基酸分子量相关性值统计出的共进化组（对）6 组（35 对）见表 2.15。几对相关系数较高的共进化位点在构建出的参考三维结构如图版Ⅲ 5~7 中展示（巩超彦等，2017）。

表 2.13　基于氨基酸对相关系数统计出的 Rubisco 大亚基的共进化组（对）

共进化组	共进化对	氨基酸位点 1	氨基酸位点 2	相关系数 *r*	分子距离
	1	20	21	0.519 7	9 999.000 0
1	2	20	69	0.553 3	9 999.000 0
	3	21	69	0.902 6	9 999.000 0
	4	21	69	0.902 6	9 999.000 0
2	5	21	148	0.673 2	9 999.000 0
	6	69	148	0.649 8	9 999.000 0

续表

共进化组	共进化对	氨基酸位点 1	氨基酸位点 2	相关系数 r	分子距离
3	7	21	182	0. 509 8	9 999. 000 0
	8	21	69	0. 902 6	9 999. 000 0
	9	21	208	0. 930 0	9 999. 000 0
	10	21	273	0. 721 1	9 999. 000 0
	11	21	282	0. 979 0	9 999. 000 0
4	12	69	208	0. 903 8	9 999. 000 0
	13	69	273	0. 597 9	9 999. 000 0
	14	69	282	0. 921 8	9 999. 000 0
	15	208	273	0. 728 2	18. 428 5
	16	208	282	0. 962 7	24. 803 4
	17	273	282	0. 733 5	14. 835 3
	18	21	279	0. 621 5	9 999. 000 0
5	19	21	282	0. 979 0	9 999. 000 0
	20	279	282	0. 543 5	6. 174 0
	21	82	186	0. 942 1	54. 198 9
	22	82	277	0. 899 3	28. 128 8
	23	82	279	0. 921 8	30. 490 9
	24	82	291	0. 927 8	34. 470 1
	25	82	301	0. 879 8	23. 926 1
	26	186	277	0. 956 7	27. 223 1
	27	186	279	0. 764 7	28. 814 4
6	28	186	291	0. 994 7	21. 681 4
	29	186	301	0. 692 5	33. 681 3
	30	277	279	0. 732 3	6. 451 5
	31	277	291	0. 953 4	8. 411 2
	32	277	301	0. 662 8	15. 428 2
	33	279	291	0. 766 9	10. 644 5
	34	279	301	0. 994 3	21. 446 4
	35	291	301	0. 694 1	20. 413 9

表 2.14　基于氨基酸疏水性相关性值统计出的 Rubisco 大亚基的共进化组（对）

共进化组	共进化对	氨基酸位点 1	氨基酸位点 2	相关系数 r	概率 p
	1	20	21	0.397 1	0.013 2
1	2	20	69	−0.048 5	0.035 0
	3	21	69	−0.007 3	0.045 8
	4	21	69	−0.007 3	0.045 8
2	5	21	148	0.036 5	0.040 8
	6	69	148	−0.026 2	0.043 9
3	7	21	182	−0.076 0	0.026 7
	8	21	69	−0.007 3	0.045 8
	9	21	208	0.290 3	0.016 0
	10	21	273	−0.029 3	0.041 5
	11	21	282	0.314 3	0.014 8
	12	69	208	−0.006 7	0.045 8
4	13	69	273	0.176 8	0.020 0
	14	69	282	0.152 2	0.020 1
	15	208	273	0.111 1	0.021 8
	16	208	282	0.822 8	0.010 0
	17	273	282	0.072 7	0.027 3
	18	21	279	0.472 6	0.012 6
5	19	21	282	0.314 3	0.014 8
	20	279	282	0.245 0	0.018 0
	21	82	186	0.811 6	0.010 0
	22	82	277	0.829 0	0.010 0
	23	82	279	0.869	0.009 2
	24	82	291	0.816 1	0.010 0
6	25	82	301	0.861 9	0.009 5
	26	186	277	0.905 4	0.008 3
	27	186	279	0.779 2	0.010 1
	28	186	291	0.874 6	0.008 9
	29	186	301	0.729 7	0.011 0

共进化组	共进化对	氨基酸位点 1	氨基酸位点 2	相关系数 r	概率 p
	30	277	279	0.759 4	0.010 5
	31	277	291	0.857 5	0.009 8
6	32	277	301	0.709 7	0.011 2
	33	279	291	0.807 8	0.010 0
	34	279	301	0.864 4	0.009 3
	35	291	301	0.783 6	0.010 1

表 2.15　基于氨基酸分子量统计出的 Rubisco 大亚基的共进化组（对）

共进化组	共进化对	氨基酸位点 1	氨基酸位点 2	相关系数 r	概率 p
	1	20	21	−0.044 2	0.035 2
1	2	20	69	−0.039 7	0.036 4
	3	21	69	0.022 0	0.039 9
	4	21	69	0.022 0	0.039 9
2	5	21	148	0.091 4	0.021 6
	6	69	148	0.029 7	0.038 5
3	7	21	182	−0.025 0	0.039 8
	8	21	69	0.022 0	0.039 9
	9	21	208	0.049 8	0.032 2
	10	21	273	0.225 1	0.014 6
	11	21	282	0.173 4	0.016 6
	12	69	208	0.109 8	0.018 3
4	13	69	273	0.101 3	0.019 2
	14	69	282	0.157 5	0.016 8
	15	208	273	0.380 9	0.012 0
	16	208	282	0.325 7	0.013 4
	17	273	282	0.830 6	0.009 3
	18	21	279	0.452 7	0.011 2
5	19	21	282	0.173 4	0.016 6
	20	279	282	0.334 5	0.013 3

续表

共进化组	共进化对	氨基酸位点 1	氨基酸位点 2	相关系数 r	概率 p
	21	82	186	0.896 2	0.008 4
	22	82	277	0.098 8	0.019 8
	23	82	279	0.733 2	0.010 1
	24	82	291	0.885 5	0.008 9
	25	82	301	0.029 6	0.038 5
	26	186	277	0.100 9	0.019 2
	27	186	279	0.700 8	0.010 1
6	28	186	291	0.889 1	0.008 8
	29	186	301	−0.057 7	0.026 3
	30	277	279	0.185 2	0.016 4
	31	277	291	0.275 4	0.014 1
	32	277	301	−0.061 6	0.025 9
	33	279	291	0.751 7	0.009 8
	34	279	301	0.386 7	0.011 9
	35	291	301	0.044 4	0.035 2

　　基于氨基酸对的相关系数统计出的共进化组对 6 组（35 对），它们之间相互关联的关系非常紧密，如果其中某一位点发生了适应性进化，与此相关的位点通过共进化的方式进行补偿突变，以此来维持蛋白质特定的功能。基于氨基酸疏水性相关性值统计出的共进化组（对）提示它们的共同作用对保持蛋白质疏水性具有重要作用。基于氨基酸分子量相关性值统计出的共进化组（对）则提示它们同蛋白质分子量大小显著相关。所有统计出的共进化组（对）6 组（35 对）同氨基酸的疏水性、分子量都显著相关，提示它们的共进化关系对蛋白质有重要意义（巩超彦 等，2017）。

　　被选出的正选择位点 277L、280L 位于 Rubisco 大亚基羧基末端活性中心区域，350S 位于羧基末端邻近 α/β 桶状结构域的一个 α 螺旋上。已有研究表明，Rubisco 的一个大亚基和一个小亚基组成的二聚体是该酶最小的功能单位，小亚基氨基端的功能结构域由 5 个 β 折叠和相邻的 2 个 α 螺旋组成

(Farber et al., 1990)，它们与大亚基羧基端的由 8 个 α 螺旋和 8 个 β 折叠组成功能结构域组成该酶的功能活性中心（Knight et al., 1990；Soper et al., 1988）。这都提示这些位点可能影响的 Rubisco 功能，也为今后研究 Rubisco 的功能研究提供了优先选择位点（巩超彦 等，2017）。

在本节研究中分支-位点模型下，分支 C 检测出了 277L 为正选择位点，但经 LRT 检验，备择假设不可靠，拒绝了正选择位点的存在；分支模型下检测出分支 D 可能有正选择位点，但在分支-位点模型中没有检测出该支有正选择位点。Suzuki 等（2001；2002）曾指出似然法分析可能得出假阳性结果，Wong 等（2004）基于模拟研究对最大似然法的可信度和统计效力给出有力回应，并特别提出 Suzuki 等的分析可能有误。Zhang 等（2004）曾怀疑 PAML 中分支-位点模型易产生假阳性。之后，Zhang 等（2005）对该模型进行了改进，很好地解决了假阳性问题。基于已有文献，作者推测造成该结果的原因不是由于假阳性的问题，而可能是由于选择压力放松造成的。同时，这些结果也充分显示了基于 ω 比值检验 DNA 编码序列分子适应的可靠性和有效性（巩超彦 等，2017）。

位点模型下未能检测出正选择位点，可能的原因是 rbcL 基因具有十分重要的功能，需要保持相当的稳定性，因此比较保守，也有可能该基因适应性进化发生在较早期，以致后来适应性进化信号被极其普遍的中性选择或者净化选择所淹没。相关研究也指出，在藻类植物的 Rubisco 中几乎没有发现正选择位点的存在，而在陆生植物中却广泛存在，该酶结构上的差异不足以解释这个现象（Kapralov et al., 2007），而可能的一个重要原因是它们生境的不同。藻类植物生长于稳定的水生环境，具有特有的二氧化碳浓缩机制，即碳酸氢盐泵，该机制利用溶解在水中的碳酸氢盐并且抑制 Rubisco 的补氧活性，使得 Rubisco 执行功能的气态环境相当稳定（Lambers et al., 2008）。

分支模型下检测出了分支 F 可能有正选择位点，分支-位点模型也同时检测出了这一支确实有正选择位点。分支 A 在分支模型下显示没有正选择位点，在分支-位点模型中却显示有两个正选择位点（277L 和 280L），但它们的后验概率不高，分别为 73.4%和 64%，可能是分支模型未能检测出正选择的原因。另外，分支 A 是暗紫红毛菜，分支 F 是弧形西斯藻，两种都是淡水红藻中分布范围较广泛的种，说明其对环境有较好的适应，这可能是在它们中检测出正选择位点的一个原因（巩超彦 等，2017）。

以往在研究酶的重要功能位点时往往采用生物化学方法对目标位点进行突变筛选以及突变体回复试验（Hong et al.，1997；Du et al.，2003）。例如，有研究鉴定出凤尾蕨科旱生植物 *rbc*L 基因的 365F 为正选择位点（周媛 等，2011），该位点位于 βH 折叠区，苯丙氨酸可能与 βH 折叠中的其他氨基酸形成氢键，该区域的空间变化可能与植物对生境的适应有关（刘念 等，2010）。而 365F 位点与本节研究鉴定出的位点相近。此外，有实验表明，Rubisco α/β 桶状结构域中的 loop6 对该酶的催化作用、决定羧化作用和氧化作用的比值至关重要（Chen et al.，1989；Chen et al.，1991）。本节研究鉴定出的 277L 和 280L，不位于 loop6 但位于 loop7，由此可见，本研究鉴定出的位点可能对酶的功能的研究产生积极意义。这些正选择位点仍有待更深入的研究，今后的定向诱变研究和遗传相关试验也可以优先关注这些位点（巩超彦 等，2017）。

对串珠藻目植物 *rbc*L 基因内部不同位置基于氨基酸分子量相关性值、基于氨基酸疏水性相关性值以及基于氨基酸对的相关系数统计出的共进化组（对）结果显示，基于不同因素统计出的共进化组（对）中都显示 277 位氨基酸同其他多个氨基酸位点存在共进化关系，而该位点在适应性进化的分析中显示发生了明显的适应性进化，该位点附近的 280 位氨基酸也发生了适应性进化，这使得串珠藻目植物不仅获得了有利于增加适应性的新性状，而且同时维持了基因的固有功能，这对于物种来说是十分有利的。关于氨基酸共进化组（对）的研究从另一个角度分析了蛋白质内部氨基酸之间的相互关系，这有助于研究蛋白质的功能结构特征及其进化历程，同时可能为今后研究有关蛋白的结构功能和进化方面的问题提供了一些优先考虑的位点（巩超彦 等，2017）。

分子系统发育研究一般认为，由于各个基因有着不同的进化速率，功能蛋白编码基因受其功能限制，相对保守，进化速率慢，适于属间及以上分类单元群体的关系研究；非编码区基因不参与蛋白质的合成，进化速率相对较快，多样性较高，适合于种内及种间的群体关系研究（Müller et al., 2006；田鹏 等，2014）。串珠藻目植物中 rbcL 基因有一些位点确实发生了适应性进化，在种属间该基因还是有一定差异的，可能比较适用于种、属内部或相关类群之间的系统关系分析研究。但以往的研究认为植物叶绿体基因组普遍还是非常保守的，适用于属间及以上分类单元群体的关系研究。而且 Müller 等的研究指出 rbcL 基因作为分子标记在研究一些较低的分类单元中的辨识度较低。因此，该基因作为植物系统分类标志物的潜力有待进一步深入研究。

适应性突变的发生虽然是偶然的，但突变位点的正选择作用则是自然环境的选择，环境条件必然对酶的功能及活性产生影响。淡水红藻是海陆演变过程中残留在淡水中的孑遗生物，在世界各地的淡水中分布稀少且分布区狭窄。海洋生境同淡水生境差异巨大，淡水红藻对生境的要求较高，一般为弱光照下洁净、清冷、高溶氧的流动水体（施之新，2006）。因此，淡水红藻 rbcL 基因的进化压力来源可能就是这些环境因素，rbcL 的适应性进化使其更加适应淡水环境。

本节利用 PAML4.8 软件，运行位点模型、分支模型及分支-位点模型，对选取的串珠藻目植物类群的 rbcL 基因进行适应性进化分析，运用 CAPS 软件对串珠藻目植物 rbcL 基因进行了共进化分析，得到如下结论。

（1）通过最大似然法构建的系统发育树显示，所有内类群聚集为 6 个分支，其中，分支 A 为暗紫红毛菜，分支 B 为胶串珠藻，分支 C 为扁圆串珠藻，后验概率同样为 100%，分支 D 为熊野藻属，分支 E 为连珠藻属，分支 F 为弧形西斯藻。

（2）分支-位点模型中，在 3 个分支中分别鉴定出 350S、277L 和 280L 为正选择位点。

（3）在构建出的 Rubisco 大亚基的参考三维模型中，277L 和 280L 位于

Rubisco 大亚基羧基末端保守的 8 个 α 螺旋和 8 个 β 片层构成的 α/β 桶状结构域中第 7 个 α 螺旋和第 7 个 β 片层之间的 loop 结构上，350S 位于羧基末端邻近 α/β 桶状结构域的一个 α 螺旋上。

（4）对 *rbc*L 基因的共进化分析统计出了基于不同因素相关性的数个氨基酸共进化组（对），其中被鉴定为适应性进化位点的 277L 同多个氨基酸位点特别是其附近的氨基酸存在共进化关系，而适应性进化位点 280L 就位于 277L 附近，这会使串珠藻目植物不仅获得了有利于增加适应性的新性状，而且同时维持了基因的固有功能，对于串珠藻目植物来说是十分有利的。

（5）本节的研究显示，*rbc*L 基因在串珠藻目一些种属中发生了适应性进化，相对其他叶绿体基因来说不算特别的保守，可能比较适用于种、属内部或相关类群之间的系统关系分析研究。但该基因作为植物系统分类标志物的潜力有待更深入研究。

（6）本节研究结果显示了基于 ω 比值检验基因适应性进化的准确性和有效性，同时也揭示了串珠藻目植物 *rbc*L 基因确实发生了适应性进化，对串珠藻目适应特殊生存环境产生了有益的作用（巩超彦 等，2017）。

2.4.2 *psa*A 基因共进化分析

通过实验序列和已解析的 *psa*A 蛋白质三维结构（PDB ID：4KT0）的比对确定对应氨基酸的具体位置（见图 2.5），基于详细的解析数据和氨基酸对的相关系数统计出的共进化组（对）5 组（20 对）见表 2.16。序列中所有共进化氨基酸对的平均距离：27.808 6 Å，标准差：12.325 2。基于氨基酸疏水性相关性值统计出的共进化组（对）5 组（12 对）见表 2.17；基于氨基酸分子量相关性值统计出的共进化组（对）5 组（15 对）见表 2.18。几对相关系数较高的共进化位点在构建出的参考三维结构如图版 Ⅲ 8~10 所示（巩超彦 等，2019）。

```
 '|'||||'||||'||||'||||'||||'||||'||||'||||'||||'||||'||||'||||'||||'||||'||||'||||'||
 20        30        40        50        60        70        80        90        100
'SRKIFSAHFGQLAIIFLWLSGMYFHGARFSNYIAWLNNPIGIKPSAQVVWPIIGQEILNGDVGGGFQGIQVTSGWFCLWRASGI
---KIFSAHFGQLAIIFLWLSGMYFHGARFSNYIAWLNNPIGIKPSAQVVWPIIGQEILNGDVGGGFQGIQVTSGWFCLWRASGI
```

```
 '|'||||'||||'||||'||||'||||'||||'||||'||||'||||'||||'||||'||||'||||'||||'||||'||||'||
 100       110       120       130       140       150       160       170       180
RASGITTESCLYATAIGGLVMSMLMIFAGWFHYHKSAPKLEWFCNAESMMNHHLAGLLGLGCLGWAGHQIHISLPINKLLDSGIS
RASGITTESCLYATAIGGLVMSMLMIFAGWFHYHKSAPKLEWFCNAESMMNHHLAGLLGLGCLGWAGHQIHISLPINKLLDSGIS
```

```
 '|'||||'||||'||||'||||'||||'||||'||||'||||'||||'||||'||||'||||'||||'||||'||||'||
 180       190       200       210       220       230       240       250
DSGISPQELPLPHEFLLNKDLMICLYPSFSKGILPFFTLDWNAYSDFLTFKGGLNPITGGLWLSDTAHHHLALAVLI
DSGISPQELPLPHEFLLNKDLMICLYPSFSKGILPFFTLDWNAYSDFLTFKGGLNPITGGLWLSDTAHHHLALA---
```

图 2.5 *psa*A 蛋白质氨基酸序列对位排列

表 2.16 基于氨基酸对相关系数统计出的 *psa*A 蛋白的共进化组（对）

共进化组	共进化对	氨基酸位点 1	氨基酸位点 2	相关系数 r	分子距离
1	1	32	35	0.633 4	9 999.000 0
	2	32	82	0.785 2	9 999.000 0
	3	35	82	0.841 4	9 999.000 0
2	4	32	35	0.633 4	9 999.000 0
	5	32	113	0.650 0	9 999.000 0
	6	32	164	0.839 7	9 999.000 0
	7	32	176	0.773 0	9 999.000 0
	8	35	113	0.739 3	9 999.000 0
	9	35	164	0.617 7	9 999.000 0
	10	35	176	0.815 7	9 999.000 0
	11	113	164	0.659 7	22.444 5
	12	113	176	0.860 1	35.901 2
	13	164	176	0.798 6	18.289 5
3	14	36	164	0.563 9	9 999.000 0
	15	36	176	0.520 0	9 999.000 0
	16	164	176	0.798 6	18.289 5

续表

共进化组	共进化对	氨基酸位点 1	氨基酸位点 2	相关系数 r	分子距离
	17	67	132	0.739 1	9 999.000 0
4	18	67	187	0.509 9	9 999.000 0
	19	132	187	0.668 6	58.741 2
5	20	164	187	0.580 4	33.156 3

表 2.17　基于氨基酸疏水性相关性值统计出的 *psa*A 蛋白的共进化组（对）

共进化组	共进化对	氨基酸位点 1	氨基酸位点 2	相关系数 r	概率 p
1	1	32	35	-0.105 9	0.039 0
	2	32	82	0.503 8	0.014 2
2	3	32	35	-0.105 9	0.039 0
	4	32	113	0.096 3	0.041 8
	5	32	164	0.496 9	0.014 2
	6	35	176	0.638 5	0.009 0
	7	113	176	0.101 1	0.040 4
	8	164	176	0.302 6	0.019 8
3	9	36	164	0.257 2	0.023 1
	10	36	176	0.563 0	0.010 4
	11	164	176	0.302 6	0.019 8
4	12	164	187	0.264 8	0.022 9

表 2.18　基于氨基酸分子量统计出的 *psa*A 蛋白的共进化组（对）

共进化组	共进化对	氨基酸位点 1	氨基酸位点 2	相关系数 r	概率 p
1	1	32	35	-0.108 3	0.037 9
	2	32	82	0.099 0	0.040 1
	3	35	82	0.435 0	0.013 7
2	4	32	35	-0.108 3	0.037 9
	5	32	164	0.505 4	0.010 3
	6	35	113	0.391 2	0.016 9
	7	35	164	-0.103 9	0.038 9

共进化组	共进化对	氨基酸位点 1	氨基酸位点 2	相关系数 r	概率 p
	8	35	176	0.256 7	0.025 0
2	9	113	176	0.458 1	0.013 0
	10	164	176	0.228 1	0.026 2
	11	36	164	0.288 7	0.022 3
3	12	36	176	0.160 4	0.031 2
	13	164	176	0.228 1	0.026 2
4	14	132	187	0.487 9	0.011 2
5	15	164	187	0.783 6	0.005 3

　　基于氨基酸对的相关系数统计出的共进化组（对）之间的关系非常紧密，如果其中某一位点发生了适应性进化，与此相关的位点通过共进化的方式进行补偿突变，以此来维持蛋白质特定的功能。基于氨基酸疏水性相关性值统计出的共进化组（对）提示它们的共同作用对保持蛋白质疏水性具有重要作用。基于氨基酸分子量相关性值统计出的共进化组（对）则提示它们同蛋白质分子量大小显著相关。共有 11 对共进化氨基酸与疏水性、分子量都显著相关，提示它们的共进化关系对蛋白质有重要意义（巩超彦等，2019）。

　　对串珠藻目植物 psaA 基因的研究结果显示，各分支均没有检测出有统计学意义的正选择位点，提示各分支均处于强烈的负选择作用之下。一般认为，一个蛋白为了维持其特定的功能，其结构具有一定的保守性，因此会处于负选择作用之下，因此，可以推断各类串珠藻目植物叶绿体的 psaA 基因之所以处于强烈的负选择之下，与该基因的保守性有很大的关系（巩超彦 等，2019）。Smart 等（1991）发现 psaA 或 psaB 基因的失活都将导致 PS I 复合物在类囊体中缺失，这表明 psaA 或者 psaB 不能单独形成二聚体而 psaA-psaB 异二聚体的存在是整个 PS I 复合物组装所必需的。由此可见植物 psaA 基因编码的光系统 I 中心蛋白 A 在光合作用中的重要作用，一般认为序列高度保守是叶绿体基因组的特性之一。陈晓霞等（2010）的研究指出：迄今为止，有关叶绿体基因发生适应性进化的报道不多见。可能的原因主要有：叶绿体基因的替换率低，较少发生突变；叶绿体基因很少发生重复，缺乏产生新基因的来源。郁飞等（2001）的研究指出：高等植物、藻类和蓝细菌中所有已知的编码 PS I 结构蛋白的基因都已经被克隆，PS I 蛋白组分的一级结构在蓝细菌、绿藻和高等植物中都相当保守。

此外，关于 *psa*A 基因的同源性研究也提示了该基因高度的保守性。Cantrell 等（1987）的研究指出：*psa*A 基因翻译产物和高等植物的同基因产物有 76%～81% 的一致性。由于该基因保守的氨基酸替换率，蓝藻 *psa*A 基因序列同已测序的高等植物有超过 95% 的同源性。*psa*A 序列高度的同源性强烈提示：不仅仅是光合系统 I 复合物的结构保守，其功能也相当保守。施定基等（2004）详细比较研究了蓝藻中集胞藻、念珠藻叶绿体中光合系统 I 的蛋白基因同地钱、烟草、水稻、裸藻、黑松、玉米、紫菜、拟南芥等的同源性，以集胞藻 *psa*A 基因为基准的同源性比较结果是：念珠藻 81.78%、拟南芥 78.72%、烟草 77.26%、玉米 77.02%、水稻 77.79%、地钱 80.19%、黑松 78.84%、裸藻 74.60%、灰胞藻（*Cyanophora paradoxa*）82.71%、*Odeontella sinensis* 79.76%、紫菜菊 79.26%，平均值为 78.90%，从中可以看出物种间 *psa*A 基因的同源性同它们的进化程度相关，进化程度越相关，同源性越高；从整体看 *psa*A 基因的同源性很高，也可以说 *psa*A 基因是较保守的。本节研究结果与以上的结论相符（巩超彦 等，2019）。

本节研究分析出了数对串珠藻目植物 *psa*A 基因内部不同位置基于氨基酸分子量相关性值、基于氨基酸疏水性相关性值以及基于氨基酸对的相关系数统计出的共进化组（对）。关于氨基酸共进化组（对）的研究从另一个角度分析了蛋白质内部氨基酸之间的相互关系，这有助于研究蛋白质的功能结构特征及其进化历程，同时可能为今后研究有关蛋白的结构功能和进化方面的问题提供了一些优先考虑的位点。

另外，随着分子生物学的发展，关于 *psa*A 基因在藻类植物分类系统发育研究中作为标志分子也是值得关注的。分子生物学的研究显示植物叶绿体基因组具有以下特征（Clegg et al., 1994；田欣 等，2002）：①基因组较小，在进化过程中很少发生重排，进化速率保守，但同时包含大量的 DNA 成分，可提供足够数量的系统发育信息；②在分子水平上的差异明显，为比较进化研究提供了基本的信息支持；③编码区和非编码区序列进化速率相差较大，适于不同分类水平的系统发育分析研究。因此，植物叶绿体基因非常适用于进行分子系统发育研究（巩超彦 等，2019）。

分子系统发育研究一般认为，由于各个基因有着不同的进化速率，功能蛋白编码基因受其功能限制，进化速率慢，适于属间及以上分类单元群体的关系研究；非编码区基因不参与蛋白质的合成，进化速率相对较快，多样性较高，适合于种内及种间的群体关系研究（Müller et al., 2006；田鹏等，2014）。

本节研究结论显示，*psa*A 基因在串珠藻目植物中都是很保守的，基于以往的研究结论，可以说 *psa*A 基因适于属及以上分类单元群体的系统发育关系研究，具有作为藻类植物系统分类标志物的潜力（巩超彦 等，2019）。

在本节研究中分支-位点模型下，分支 C 检测出了 186F，分支 E 中 100A，分支 H 中 90C、199A，分支 I 中 99A、132A、179M 为正选择位点。但经 LRT 检验，备择假设不可靠，拒绝了正选择位点的存在，这与分支模型的提示是一致的。Suzuki 等曾指出似然法分析可能得出假阳性结果，Wong 等基于模拟研究对最大似然法的可信度和统计效力给出有力回应，并特别提出 Suzuki 等的分析可能有错误。Zhang 曾怀疑 PAML 中分支-位点模型易产生假阳性。之后，Zhang 等对该模型进行了改进，很好地解决了假阳性问题。结果显示，PAML 对于正选择位点的统计效力是极其严格的，结合已有的文献，都充分显示了基于 ω 比值检验 DNA 编码序列分子适应的可靠性和有效性（巩超彦 等，2019）。

生物体演化的历程和分子机制是极其复杂的，尤其是关于淡水红藻这类特殊的生物，因此，要解释清楚为何淡水红藻分布区狭窄、对生境的要求很特殊,需要我们继续对更多的基因展开深入研究,以期能够进一步深化对叶绿体基因为适应环境而发生的分子水平的适应性进化机制的认识(巩超彦 等,2019)。

本节利用 PAML4.8 软件,运行位点模型、分支模型及分支-位点模型,对选取串珠藻目植物类群的 *psa*A 基因进行适应性进化分析,运用 CAPS 软件对串珠藻目植物 *psa*A 基因进行了共进化分析,得到如下结论。

(1) 通过最大似然法构建的系统发育树显示,所有内类群聚集为 9 个分支,其中,分支 B 为 *Nocturama* 属,分支 F 为熊野藻属,分支 H 为暗紫红毛菜,后验概率同样为 100%,分支 A 为假枝藻属,分支 C 为西斯藻属,分支 D 为连珠藻,分支 E 为胶串珠藻;分支 G 为串珠藻属,分支 I 为红索藻属。

(2) 位点模型和分支-位点模型中,均没有检测出有统计学意义的正选择位点,提示串珠藻目植物该基因处于强烈的负选择作用之下。同时提示该基因强烈的保守性。

(3) 本节的研究结果显示了基于 ω 比值检验基因适应性进化的准确性和有效性。

(4) 对 *psa*A 基因的共进化分析统计出了基于不同因素相关性的数个氨基酸共进化组 (对),揭示了这些氨基酸之间的相互影响,协同进化的关系,这对于保持该基因的重要功能十分重要。

(5) 本节的研究结果显示,*psa*A 基因在串珠藻目植物中非常保守,同以往的研究结论相符。提示其可能比较适用于属及以上分类单元群体的系统发育关系研究。具有作为藻类植物系统分类标志物的潜力 (巩超彦 等,2019)。

2.4.3　*psb*A 基因共进化分析

通过实验序列和已解析的 *psb*A 蛋白三维结构的比对确定对应氨基酸的具体位置,基于详细的解析数据,分析了串珠藻目植物 *psb*A 基因内部可能的基于氨基酸分子量相关性值、基于氨基酸疏水性相关性值以及基于氨基酸对的相关系数存在的共进化组（对）。结果没有统计出显著的共进化组（对），我们认为这一结果应该是不可靠的，可能的原因是用于分析的序列数据是要经过对位排列并剪切为等长的，也就是说用于分析的基因序列数据不是完整的，不能全部体现基因编码的蛋白质的全部信息，因此不能充分分析氨基酸间的相互关系。另外，植物光系统 II 反应中心蛋白有 *psb*A、*psb*B、*psb*C、*psb*D 4 个基因编码，只是 *psb*A 和 *psb*D 基因编码的 D1、D2 蛋白构成光系统 II 反应中心的主要框架，这两个基因对于植物光系统 II 更为重要，因此这几个蛋白之间的相互关联可能既包括蛋白内部的，也包括蛋白之间的，单一分析一个基因的共进化关系可能是不充分的（Yao et al.，2019）。因此要充分深入地分析 *psb*A 基因的共进化问题需要更充分的序列数据及联合该基因共同发挥生物学功能的基因。

对串珠藻目植物 *psb*A 基因的研究结果显示，各分支各位点均处于负选择之下，通常情况下，编码蛋白的序列如果过于保守，一般会处于负选择之下，且叶绿体基因组的保守性特征：替换率低，较少发生突变；很少发生重复，缺乏产生新基因的来源也是检测不出正选择位点的可能原因；因此，可以推断串珠藻目植物 *psb*A 基因之所以处于强烈的负选择之下，与该基因的保守性有很大的关系。另外，红藻纲可能是真核藻类中最古老的类群之一，且串珠藻目植物大多呈零星式分布，分布区域局限，有效种群规模较小，缺乏有效的基因交流，种群中的遗传变异容易被遗传漂变掩盖。也就是说如果适应性进化发生在早期并已经被固定下来，鉴定单个或者是少数几个的正选择会有一定的难度（许可 等，2013）。

已有的有关适应性进化研究如林森等对蕨类植物 *psb*A 基因的适应性进化研究指出，只在 *psb*A 基因为单拷贝的物种中发现极少量的正选择位点（Lin et al.，2012），在 *psb*A 基因为双拷贝的物种中则没有检测出正选择位点。*psb*A 基因多拷贝的植物中主要经历负选择，可能的原因是单拷贝的 *psb*A 基因通过氨基酸的替换来实现基因功能的适应，而双拷贝的基因中则没有这样的适应性改变。相反，对于双拷贝基因型来说，可能通过 D1 蛋白合成的新转录位点而获得进一步的适应性增益，这可能通过蛋白质的剂量效应直接提高了光合作用的效率（Lin et al.，2012）。藻类植物中 *psb*A 基因的复制情况有些复杂，在莱茵衣藻中 *psb*A 基因有两个相同的拷贝，分别定位于 IRA 和 IRB 中，且每个拷贝中都有 4 个第 Ⅰ 类内含子，纤细裸藻中 *psb*A 虽然是单拷贝，但也有 4 个第 Ⅱ 类内含子（Efimov et al.，1994）。本节研究的对象串珠藻目植物的 *psb*A 基因应该是单拷贝的（Barber et al.，1997），但适应性进化研究结果并没有检测出有统计学意义的正选择位点。另外，陈晓霞等对细鳞苔科植物 *psb*A 基因适应生态环境发生的进化情况进行了多种方法的研究，结果显示，并不具有统计学上显著的正选择位点。综上，研究的结果同以往的研究一样，提示 *psb*A 基因结构和功能的高度保守性（Lin et al.，2012）。

此外，关于 *psb*A 基因不同物种间的同源性研究也提示了该基因高度的保守性。施定基等（2004）详细比较研究了蓝藻中集胞藻、念珠藻叶绿体中光合系统 Ⅱ 的蛋白基因同地钱、烟草、水稻、裸藻、黑松、玉米、紫菜、拟南芥等的同源性，以集胞藻 *psb*A 基因为基准的同源性比较结果是：念珠藻 74.30%；拟南芥 80.56%；烟草 80.56%；玉米 80.83%；水稻 80.56%；地钱 82.22%；黑松 81.20%；裸藻 75.87%；灰胞藻（*Cyanophora paradoxa*）78.83%；*Odeontella sinensis* 82.78%；紫菜菊 83.61%，平均值为 80.12%，从中可以看出物种间 *psb*A 基因的同源性同它们的进化程度是相关的，进化程度越相关，同源性越高；从整体看 *psb*A 基因的同源性很高，也可以说 *psb*A 基因是很保守的。

本节研究还分析了串珠藻目植物 *psb*A 基因内部可能的基于氨基酸分子量的相关性值、基于氨基酸疏水性相关性值以及基于氨基酸对的相关系数存在的共进化组（对）。结果没有统计出显著的共进化组（对），我们认为这一结果应该是不可靠的，可能的原因是用于分析的序列数据是要经过对位排列并剪切为等长的，也就是说用于分析的基因序列数据不是完整的，不能全部体现基因编码的蛋白质的全部信息，因此不能充分分析氨基酸间的相互关系。另外，随着分子生物学的发展，关于 *psb*A 基因在藻类植物分类系统发育研究中作为标志分子也值得关注。林森等的研究指出，选择普遍性的植物系统发育标记物是较困难的（Lin et al., 2012），Kress 等（2007）建议 *rbc*L 基因和 *psb*A-*trn*H 沉默区为普遍性的标记物，本节研究结果提示，*psb*A 基因在串珠藻目植物中都是很保守的，基于以往的研究结论，*psb*A 基因适于属间以及以上分类单元或亲缘关系较远的群体之间的系统发育研究，非常具有作为藻类植物系统分类标志物的潜力。

在本节研究中分支模型下，比较单比率以及自由比率模型，LRT 检验的结果是更支持自由比率模型，即 A~F 这 5 个分支均处于负选择作用之下，其他模型的实验结果与此结论相互印证；分支模型中还提示在分支 B 暗紫红毛菜中可能存在正选择作用位点，LRT 的检验也支持此结论，但在分支-位点模型下却没有检测出正选择作用位点。Suzuki 的研究曾经指出，用最大似然法来研究有可能会得出假阳性这一结果，Wong（2004）根据模拟分析也对 ML 法的统计效力和可信度提出过质疑，Zhang（2004）曾怀疑 PAML 的分支-位点模型易产生假阳性。之后，Zhang（2005）对该模型进行了改进，如在位点模型的 M2a 模型中考虑了位点可能受到的近中性和净化选择，这样使分析结果更加的真实和全面；再如分支-位点模型可以有两个零假设，一个是 M1a 模型；另一个是 Test2 模型在备择假设的基础上将 ω_2 的值设定为 1。但是，M1a 模型的零假设的原因，有可能是将系统发育树前景支中选择压力放松的改变，误认为正选择作用，因而产生了假阳性结果，而 Test2 就很好地解决了这个问题，所以更推荐采用 Test2 模型，本节研究中只采用 Test2。以已有研究和本实验为基础，很充分地表明了基于 ω 比值检验基因编码序列分子适应的研究方法是非常可信且有效的。

对串珠藻目植物 *psb*A 基因的适应性进化分析的结果没有检测出该基因有统计学意义上的适应性进化位点。然而，在苔藓植物、藻类植物等多种植物的其他叶绿体单拷贝基因（如 *rbc*L 基因）中却发现了适应性进化的正选择位点，因此，要深入地研究该基因的适应性进化问题需要联合其他 3 个相关基因：*psb*B、*psb*C、*psb*D 来深入阐释。

生物体演化的历程和分子机制是极其复杂的，尤其是关于淡水红藻这类特殊的生物，因此，要解释清楚为何淡水红藻分布区狭窄、对生境的要求很特殊，需要我们继续对更多的基因展开深入研究，以期能够进一步深化对叶绿体基因为适应环境而发生的分子水平的适应性进化机制的认识。

本节利用 PAML4.8 软件，运行位点模型、分支模型及分支-位点模型，对选取串珠藻目植物类群的 *psb*A 基因进行适应性进化分析，运用 CAPS 软件对串珠藻目植物 *psb*A 基因进行了共进化分析，得到如下结论。

（1）通过最大似然法构建的系统发育树显示，所有内类群聚集为 9 个分支，其中，分支 B 为 *Nocturama* 属，分支 F 为熊野藻属，分支 H 为暗紫红毛菜，后验概率同样为 100%，分支 A 为假枝藻属，分支 C 为西斯藻属，分支 D 为连珠藻，分支 E 为胶串珠藻，分支 G 为串珠藻属，分支 I 为红索藻属。

（2）位点模型和分支-位点模型中，均没有检测出有统计学意义的正选择位点，提示串珠藻目植物该基因处于强烈的负选择作用之下。同时提示该基因强烈的保守性。

（3）本节的研究结果显示了基于 ω 比值检验基因适应性进化的准确性和有效性。

（4）对 *psb*A 基因的共进化分析没有统计出显著的共进化组（对），我们认为这一结果应该是不可靠的，可能的原因是用于分析的序列数据是经过对位排列并剪切为等长。另外，由于该基因需要联合其他共同发挥功能的基因，因此单一分析一个基因的共进化关系可能是不充分的。

（5）本节的研究显示，*psb*A 基因在串珠藻目植物中非常保守，与以往的研究结论相符。提示其可能比较适用于属及以上分类单元群体的系统发育关系研究，具有作为藻类植物系统分类标志物的潜力。

参考文献

陈晓霞，苏应娟，王艇，2010. 细鳞苔科 *psb*A 基因的适应性进化分析 ［J］. 西北植物学
报，30（8）：1534-1544.

巩超彦，南芳茹，冯佳，等，2019. 串珠藻目植物 *psa*A 基因的适应性进化及共进化分析
［J］. 山西大学学报（自然科学版），42（3）：662-672.

巩超彦，南芳茹，冯佳，等，2017. 串珠藻目植物 *rbc*L 基因的适应性进化分析 ［J］. 海洋
与湖沼，3（48）：109-117.

刘念，王庆彪，陈婕，等，2010. 麻黄属 *rbc*L 基因的适应性进化检测与结构模建 ［J］. 科
学通报，55（14）：1341-1346.

南芳茹，冯佳，谢树莲，2015. 基于叶绿体 *psa*A 和 *psb*A 基因的中国熊野藻属植物系统发
育分析 ［J］. 水生生物学报，39（1）：155-163.

施定基，张超，李世明，等，2004. 蓝藻与植物叶绿体光合系统基因的生物信息学研究
［J］. 遗传学报，31（6）：627-633.

施之新，2006. 中国淡水藻志，第 13 卷，红藻门、褐藻门 ［M］. 北京：科学出版社，
1-77.

田鹏，牛文涛，林荣澄，等，2014. 2 种分子标记应用于澄黄滨珊瑚群体遗传多样性研究
中的可行性 ［J］. 应用海洋学学报，33（1）：46-52.

田欣，李德铢，2002. DNA 序列在植物系统学研究中的应用 ［J］. 植物分类与资源学报，
24（2）：170-184.

许可，王博，苏应娟，等，2013. 蕨类植物 *psb*D 基因的适应性进化和共进化分析 ［J］. 植
物科学学报，31（5）：429-438.

郁飞，唐崇钦，辛越勇，等，2001. 光系统Ⅰ（PSⅠ）的结构与功能研究进展 ［J］. 植物
学报，18（3）：266-275.

周媛，王博，高磊，等，2011. 凤尾蕨科旱生蕨类 *rbc*L 基因的适应性进化和共进化分析
［J］. 植物科学学报，1（4）：409-416.

BARBER J, NIELD J, MORRIS E P, et al., 1997. The structure, function and dynamics of photosystem two [J]. Physiologia Plantarum, 100 (4): 817-827.

BRUNGER A T, ADAMS P D, FROMME P, et al., 2012. Improving the accuracy of macro-molecular structure refinement at 7 Å resolution [J]. Structure, 20 (6): 957-966.

CANTRELL A, BRYANT D A, 1987. Molecular cloning and nucleotide sequence of the *psa*A and *psa*B genes of the cyanobacterium *Synechococcus* sp. PCC 7002 [J]. Plant Molecular Biology, 9 (5): 453-468.

CHEN Z X, SPREITZER R J, 1989. Chloroplast intragenic suppression enhances the low CO_2/O_2 specificity of mutant ribulose-bisphosphate carboxylase/oxygenase [J]. Journal of Biological Chemistry, 264 (6): 3051-3053.

CHEN Z, YU W, LEE J H, et al., 1991. Complementing amino acid substitutions within loop 6 of the. alpha. /beta. -barrel active site influence the carbon dioxide/oxygen specificity of chloroplast ribulose-1, 5-bisphosphate carboxylase/oxygenase [J]. Biochemistry, 30 (36): 8846-8850.

CLEGG M T, GAUT B S, JR L G, et al., 1994. Rates and patterns of chloroplast DNA evolution. [J]. Proceedings of theNational Academy of Sciences of the United States of America, 91 (15): 6795-6801.

DU Y C, PEDDI S R, SPREITZER R J, 2003. Assessment of structural and functional divergence far from the large subunit active site of ribulose-1, 5-bisphosphate carboxylase/oxygenase [J]. Journal of Biological Chemistry, 278 (49): 49401-49405.

EFIMOV V A, FRADKOV A F, RASKIND A B, et al., 1994. Expression of the barley *psb*A gene in *Escherichia coli* yields a functional in vitro photosystem II protein D1 [J]. FEBS Letters, 348 (2): 153-157.

FARBER G K, PETSKO G A, 1990. The evolution of α/β barrel enzymes [J]. Trends in Biochemical Sciences, 15 (6): 228-234.

GUINDON S, DUFAYARD J F, LEFORT V, et al., 2010. New algorithms and methods to estimate maximum-likelihood phylogenies: assessing the performance of Phy ML 3. 0 [J]. Systematic Biology, 59 (3): 307-321.

HARDISON L K, BOCZAR B A, CATTOLICO R A, 1995. *psb*A in the marine chromophyte *Heterosigmacarterae*: evolutionary analysis and comparative structure of the

D1 carboxyl terminus [J]. American Journal of Botany, 82 (7): 893-902.

HONG S, SPREITZER R J, 1997. Complementing substitutions at the bottom of the barrel influence catalysis and stability of ribulose – bisphosphate carboxylase/oxygenase [J]. Journal of Biological Chemistry, 272 (17): 11114-11117.

KAPRALOV M V, FILATOV D A, 2007. Widespread positive selection in the photosynthetic Rubisco enzyme [J]. Bmc Evolutionary Biology, 7 (1): 73-80.

KNIGHT S, ANDERSSON I, BRÄNDéN C I, 1990. Crystallographic analysis of ribulose 1, 5-bisphosphate carboxylase from spinach at 2. 4 Å resolution: Subunit interactions and active site [J]. Journal of Molecular Biology, 215 (1): 113-160.

KRESS W J, ERICKSON D L, 2007. A two-locus global DNA barcode for land plants: the coding *rbc*L gene complements the non-coding *trn*H-*psb*A spacer region [J]. PLoS One, 2 (6): e508.

LAMBERS H, CHAPIN III F S, PONS T L, 2008. Plant physiological ecology [M]. New York: Springer Science & Business Media.

LIN S, FARES M, SU Y J, et al., 2012. Molecular evolution of *psb*A gene in ferns: unraveling selective pressure and co-evolutionary pattern [J]. BMC Evolutionary Biology, 12 (1): 145.

MAZOR Y, NATAF D, TOPORIK H, et al., 2014. Crystal structures of virus-like photosystem I complexes from the mesophilic cyanobacterium *Synechocystis* PCC 6803 [J]. Elife, 3, e01496.

MÜLLER K F, BORSCH T, HILU K W, 2006. Phylogenetic utility of rapidly evolving DNA at high taxonomical levels: contrasting *mat*K, *trn*T-F, and *rbc*L in basal angiosperms [J]. Molecular Phylogenetics & Evolution, 41 (1): 99-117.

NIELSEN R, YANG Z, 1998. Likelihood models for detecting positively selected amino acid sites and applications to the HIV-1 envelope gene [J]. Genetics, 148 (3): 929-936.

POSADA D, BUCKLEY T R, 2004. Model selection and model averaging in phylogenetics: advantages of Akaike information criterion and Bayesian approaches over likelihood ratio tests [J]. Systematic Biology, 53 (5): 793-808.

RANNALA B, YANG Z, 1996. Probability distribution of molecular evolutionary trees: a new method of phylogenetic inference ［J］. Journal of Molecular Evolution, 43 （3）: 304-311.

SAYLE R A, MILNER-WHITE E J, 1995. RASMOL: Biomolecular graphics for all ［J］. Trends in Biochemistry Science, 20 （9）: 374.

SMART L B, ANDERSON S L, MCINTOSH L, 1991. Targeted genetic inactivation of the photosystem I reaction center in the cyanobacterium *Synechocystis* sp. PCC 6803 ［J］. Embo Journal, 10 （11）: 3289-3296.

SOPER T S, MURAL R J, LARIMER F W, et al., 1988. Essentiality of Lys-329 of ribulose-1, 5-bisphosphate carboxylase/oxygenase from *Rhodospirillum rubrum* as demonstrated by site-directed mutagenesis ［J］. Protein Engineering, 2 （1）: 39-44.

SUGAWARA H, YAMAMOTO H, SHIBATA N, et al., 1999. Crystal structure of carboxylase reaction-oriented ribulose 1, 5-bisphosphate carboxylase/oxygenase from a thermophilic red alga, *Galdieria partita* ［J］. Journal of Biological Chemistry, 274 （22）: 15655-15661.

SUZUKI Y, NEI M, 2001. Reliabilities of parsimony-based and likelihood-based methods for detecting positive selection at single amino acid sites ［J］. Molecular Biology and Evolution, 18 （12）: 2179-2185.

SUZUKI Y, NEI M, 2002. Simulation study of the reliability and robustness of the statistical methods for detecting positive selection at single amino acid sites ［J］. Molecular Biology and Evolution, 19 （11）: 1865-1869.

TAMURA K, PETERSON D, PETERSON N, et al., 2011. MEGA5: molecular evolutionary genetics analysis using maximum likelihood, evolutionary distance, and maximum parsimony methods ［J］. Molecular Biology and Evolution, 28 （10）: 2731-2739.

THOMPSON J D, GIBSON T J, PLEWNIAK F, et al., 1997. The CLUSTAL_ X windows interface: flexible strategies for multiple sequence alignment aided by quality analysis tools ［J］. Nucleic Acids Research, 25 （24）: 4876-4882.

VAN BEZOUWEN L S, CAFFARRI S, KALE R S, et al., 2017. Subunit and chlorophyll organization of the plant photosystem II supercomplex ［J］. Nature Plants, 3 （7）: 17080.

WONG W S W, YANG Z, GOLDMAN N et al., 2004. Accuracy and power of statistical methods for detecting adaptive evolution in protein coding sequences and for identifying positively selected sites [J]. Genetics, 168 (2): 1041-1051.

YANG Z, BIELAWSKI J P, 2000. Statistical methods for detecting molecular adaptation [J]. Trends in ecology & evolution, 15 (12): 496-503.

YANG Z, SWANSON W J, VACQUIER V D, 2000. Maximum-likelihood analysis of molecular adaptation in abalone sperm lysin reveals variable selective pressures among lineages and sites [J]. Molecular Biology and Evolution, 17 (10): 1446-1455.

YANG Z, 1998. Likelihood ratio tests for detecting positive selection and application to primate lysozyme evolution [J]. Molecular Biology and Evolution, 15 (5): 568-573.

YANG Z, 2007. PAML 4: phylogenetic analysis by maximum likelihood [J]. Molecular Biology and Evolution, 24 (8): 1586-1591.

YAO Y, KANG T, JIN L, et al., 2019. Temperature-dependent growth and hypericin biosynthesis in *Hypericum perforatum* [J]. Plant Physiology and Biochemistry, 139: 613-619.

ZHANG J, NIELSEN R, YANG Z, 2005. Evaluation of an improved branch-site likelihood method for detecting positive selection at the molecular level [J]. Molecular Biology and Evolution, 22 (12): 2472-2479.

ZHANG J, 2004. Frequent false detection of positive selection by the likelihood method with branch-site models [J]. Molecular Biology and Evolution, 21 (7): 1332-1339.

第3章 弯枝藻目植物的适应性 进化及共进化分析

3.1 弯枝藻目植物系统发育树构建

弯枝藻属（*Compsopogon* Montagne 1846）也称为美芒藻属，属于弯枝藻科（Compsopogonaceae）弯枝藻目（Compsopogonales）弯枝藻纲（Compsopogonophyceae），是淡水红藻中一个典型的类群，全部种类生活于淡水中（Kumano，2002）。该属植物全球均有分布，但主要分布区位于热带和亚热带区域，在温带区域只有少数报道（Sheath et al.，1990）。形态上的鉴别特征包括两个类型：一个是深紫美芒藻（*Compsopogon caeruleus*）形态；另一个是灌木状拟弯枝藻（*C. leptoclados*）形态（Necchi et al.，2013），其分类体系一直存在争议。在不同的研究结果中，这两个属内种类的数目是多变的（Krishnamurthy，1962；Necchi et al.，1992；Vis et al.，1992）。在中国，该属的种群很少见，目前报道该类群中仅有弯枝藻属的4个种和拟弯枝藻属的1个种（施之新，2006）。然而，根据2013年Necchi对全球地理范围（除亚洲外）内的25个弯枝藻属和拟弯枝藻属标本的分析结果，提议将弯枝藻属和拟弯枝藻属合为一个属，且之前提出的这两个属内不同的种都归为一个种，即深紫美芒藻，也就是认为弯枝藻属是全球单属单种。Rintoul等（1999）基于北美洲的弯枝藻属标本也得出了类似的结果。

从GenBank数据库中下载弯枝藻属以及外类群（*Boldia*）的*rbc*L基因序列，共获得17条序列（见表3.1）。以Clustal X软件对序列进行对位排列，并进行人工校对，每条序列均包含 350 个密码子，以此作为构建系统发育树的基础（韩雨昕 等，2019）。

采用 MEGA 7.0 软件对序列特征进行分析（Tamura et al.，2011），应用 Modeltest 3.7 软件对重复运算 1 000 次联配结果进行模型选择（Posada et al.，1998），选取的最佳核苷酸进化模型为 TIM+I+G（表 3.2）。运行 PhyML 3.0 软件，采用最大似然法（ML）构建系统发育树（Guindon et al.，2010），重复次数设置为 1 000 次，计算结果输入 Figtree 1.4.2 进行编辑（http：//tree. bio. ed. ac. uk/software/figtree/）。

表 3.1　用于本研究的弯枝藻属 *rbc*L 基因 GenBank 登录号

分类单位	GenBank 登录号	产地
深紫美芒藻	AF087116、JX028162、JX028169、U04037	美国
	AF460220、JX028170	澳大利亚
	KR706528、KR706529	中国
	JX028167	西太平洋群岛
	JX028153	巴西
	JX028157、JX028158	西班牙
	KF557565、KF557566	马来西亚
	KF557555	印度尼西亚
Boldia erythrosiphon	AF087122	美国
	AF087121	加拿大

表 3.2　Modeltest 3.7 检验得到的 *rbc*L 基因优化模型参数

模型参数	碱基频率	矩阵参数
		R [A–C] = 1.000 0
TIM+I+G	A = 0.295 4	R [A–G] = 4.022 3
K = 7	C = 0.149 6	R [A–T] = 3.870 9
(I) = 0	G = 0.219 7	R [C–G] = 3.870 9
(G) = 0.3126	T = 0.335 3	R [C–T] = 17.880 5
		R [G–T] = 1.000 0

从利用最大似然法（ML）构建的系统发育树（图 3.1）可见，内类群由单一物种深紫美芒藻组成，并分为 3 个小分支，分支间存在明显的地域分布特点，A 分支 5 株样本产地主要为中国和澳大利亚，B 分支包含 4 株样本产地且均为北美洲（后验概率达 81.1%），C 分支共 6 株样本，采集地分别为马来西亚、印度尼西亚及太平洋岛群等（后验概率为 65.6%）。据此选取 A、B、C 共 3 个分支进行后续分析（韩雨昕 等，2019）。

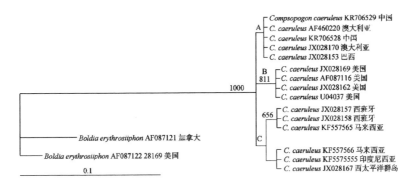

图 3.1　基于 *rbc*L 基因序列构建的系统发育树

注：节点处的数字代表最大似然法步靴值，A、B、C 分别代表选定的分支

弯枝藻属在全球范围均有分布，但其对生境要求极为特殊，多生活在低水温、洁净的流动水体中，多数类群由于对水体环境要求高，在自然界中分布稀少且较为脆弱（施之新，2006）。值得注意的是，弯枝藻属植物虽然生境长期处于封闭状态且分布广泛，但目前的研究支持其全球单一种的分类结果（Necchi et al.，2013；Nan et al.，2016；韩雨昕 等，2019）。红藻起源古老，进化历史漫长，而弯枝藻属植物呈现出比较特殊的全球单种分布模式，不同地理区域内的个体基因变异度非常低，考虑其在进化过程中存在遗传瓶颈，从而限制了基因组内遗传变异的发生。Necchi 等（2013）推测弯枝藻属植物存在全球分布和极低的遗传变异现象，是由该属植物无性繁殖所导致。笔者推测，弯枝藻属严格的无性繁殖方式与苛刻的生境分布（即只发生于清冷洁净的淡水水体中，主要分布在热带和亚热

带，温带少有分布）可能是该属植物目前全球单种分布模式的共同形成原因。

基于弯枝藻属 *rbc*L 基因采用最大似然法构建系统发育树，其单一种深紫美芒藻分为 3 个小分支，存在明显的地理分布规律。此外，本节研究发现，中国范围内的两株弯枝藻属标本与澳大利亚、巴西的标本遗传距离较近，说明它们可能起源于同一个共同祖先类型，关于该属植物的地理分布模式和起源演化需要结合更多的标本进行深入研究。

3.2　弯枝藻目植物基于基因序列的生物信息学分析

选取登录号为 JX028169 的 *rbc*L 基因序列作为参考序列，以氨基酸序列的形式上传 Prot Param（http：//web. expasy. org/protparam/），对所选弯枝藻属 *rbc*L 基因编码蛋白的理化性质进行分析，并利用 Prot Scale（http：//web. expasy. org/protscale/）预测该蛋白质的亲水性/疏水性。利用 NetPhos 3. 1 Server（http：//www. cbs. dtu. dk/ services/NetPhos/）对蛋白质进行磷酸化位点预测。利用软件包 DNASTAR. Lasergene. v 7. 1 中 Protean 模块对该蛋白质的二级结构进行分析（Burland，2000）。

Rubisco 大亚基的亲水性/疏水性预测：利用 Prot Param 测得弯枝藻属 Rubisco 大亚基的 GRAVY 值为 -0. 099，表明其具有亲水性，推断为水溶性蛋白质。由图 3. 2 可知，弯枝藻 Rubisco 大亚基氨基酸序列在第 190 位异亮氨酸的 GRAVY 最高（3. 211），表明该位点具有极强的疏水性；第 224 位的 GRAVY 最小（-2. 500），表明该位点具有极强的亲水性（韩雨昕 等，2019）。

Rubisco 大亚基磷酸化位点预测：用 NetPhos 3. 1 Server 对 Rubisco 大亚基磷酸化位点进行预测（见图版Ⅳ-1），结果表明，该蛋白磷酸化位点共有

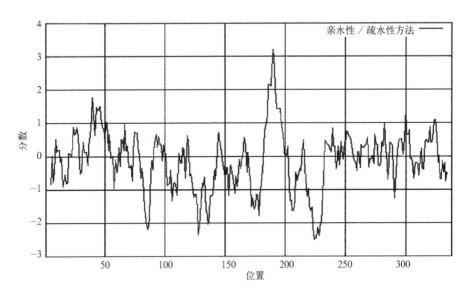

图 3.2 弯枝藻 *rbc*L 编码蛋白的亲水性/疏水性预测

18 个，其中丝氨酸（Ser）磷酸化位点有 9 个，分别位于 37、106、133、154、156、203、223、226 和 294 位点；苏氨酸（Thr）磷酸化位点有 6 个，分别位于 98、157、171、224、254 和 272 位点；酪氨酸（Tyr）磷酸化位点有 3 个，分别位于 5、164 和 176 位点（韩雨昕 等，2019）。

Rubisco 大亚基的二级结构及保守结构域预测：采用 DNAStar 软件包中 Protean 模块，对 Rubisco 大亚基的二级结构进行预测（Burland，2000）（见图版Ⅳ-2）。Garnier-Robson 方法预测弯枝藻 Rubisco 大亚基有 19 个 α 螺旋，24 个 β 折叠，12 个转角以及一些小片段的无规则卷曲。Chou-Fasman 方法则预测有 15 个 α 螺旋，10 个 β 折叠，19 个转角。两种方法预测的 α 螺旋分别位于第 1~6 位、第 26~38 位和第 49~67 位；β 折叠分别位于第 17~25 位、第 41~49 位和第 78~82 位；转角结构位于第 13~15 位、第 73~75 位和第 85~88 位；Garnier-Robson 方法预测的无规则卷曲分别位于第 12~13 位、第 71~72 位和第 76~77 位（韩雨昕 等，2019）。

对弯枝藻属 Rubisco 大亚基的理化性质进行预测后综合前两个类群的实验结果可知，其 *rbc*L 基因的亲水性/疏水性预测结果十分相近，其蛋白疏水性值均介于−3～4 之间，平均 GRAVY 值均小于 0，蛋白氨基酸总体呈亲水性，表明 Rubisco 大亚基蛋白在 3 个类群之间变化较小，保持较为稳定的蛋白结构。3 个类群的蛋白质亲水性/疏水性与其跨膜结构以及离子通道状态有十分密切的联系，提示该蛋白与细胞功能状态关系密切。磷酸化位点预测结果中，弯枝藻属 Rubisco 蛋白大亚基编码基因共检测出 18 个磷酸化位点（韩雨昕 等，2019）。

3.3　弯枝藻目植物适应性进化分析

基于选取的弯枝藻属 *rbc*L 基因及 ML 系统进化树，应用 PAML4.9 软件包中 Codeml 程序，分别采用分支模型、位点模型及分支−位点模型对其进行适应性进化分析（Yang，2007）。位点模型中利用三对模型：M0（单一比值）和 M3（离散）、M1a（近中性）和 M2a（选择）以及 M7（beta）和 M8（beta & ω）进行正选择及负选择位点的筛选。三对模型中前者为零假设，后者为备择假设，三对模型需经 LRT 检验其结果可靠性。分支模型通过单比率模型、自由比率模型以及二比率模型对内类群分支的进化速率进行检测。分支−位点模型中选取内类群指定分支对其正选择位点进行检验。

表 3.3 和表 3.4 为各模型选择位点的鉴定结果。分支模型中，二比率模型指定分支 A、B、C 为前景支，其他为背景支。各前景支的 ω 估计值均小于 1，表明各分支均处于负选择压力下。自由比率模型检测大多数分支 ω 值远小于 1，仅有两个小分支（序列登录号为 JX028153、KR706528）的 ω 值为 999.0，因此对这两个分支进行了分支−位点模型检测。对分支模型中二比率模型 A、B、C 以及自由比率模型进行 LRT 检验（见表 3.4），其中分支

B 的结果较为可靠（$p < 0.05$），其余分支后验概率表明均不具有可靠性（韩雨昕 等，2019）。

表 3.3　各模型对数似然值和参数估计值

	模型	数量	似然值 lnL	参数估计值	正选择位点
分支模型	单比率模型 M0	33	−2 079.280 007	$\omega = 0.027\,85$	无应答
	二比率模型 A	34	−2 078.386 306	$\omega_0 = 0.026\,56$，$\omega_1 = 0.096\,84$	无应答
	二比率模型 B	34	−2 075.109 685	$\omega_0 = 0.025\,33$，$\omega_1 = 0.571\,50$	无应答
	二比率模型 C	34	−2 079.248 851	$\omega_0 = 0.027\,86$，$\omega_1 = 0.000\,10$	无应答
	自由比率模型 F	63	−2 067.083 981		无应答
位点模型	M1a：近中性	34	−2 063.183 782	$p_0 = 0.953\,70$，$p_1 = 0.046\,30$ $\omega_0 = 0.012\,40$，$\omega_1 = 1.000\,00$	无应答
	M2a：选择	36	−2 063.183 782	$p_0 = 0.953\,70$，$p_1 = 0.034\,43$ $p_2 = 0.011\,87$，$\omega_0 = 0.012\,40$ $\omega_1 = 1.000\,00$，$\omega_2 = 1.000\,00$	170Q (0.513)
	M3：离散	37	−2 061.812 715	$p_0 = 0.257\,66$，$p_1 = 0.670\,09$ $p_2 = 0.072\,25$，$\omega_0 = 0.008\,38$ $\omega_1 = 0.008\,38$，$\omega_2 = 0.481\,07$	无
	M7（beta）	34	−2 062.154 393	$p = 0.057\,05$，$q = 1.129\,17$	无
	M8（beta & ω）	36	−2 062.154 643	$p_0 = 0.999\,99$，$p = 0.057\,05$， $q = 1.129\,35$ $p_1 = 0.000\,01$，$\omega_s = 1.000\,00$	170Q (0.611) 180I (0.607)
	备择假设 a	36	−2 061.193 007	$p_{2a} = 0.109\,36$，$p_{2b} = 0.005\,25$ $\omega_{b1} = 0.011\,05$，$\omega_{b2} = 1.000\,00$ $\omega_{f1} = 1.000\,00$，$\omega_{f2} = 1.000\,00$	98L (0.686) 327Q (0.698)
	零假设 a0	35	−2 061.193 007	$p_{2a} = 0.109\,36$，$p_{2b} = 0.005\,25$ $\omega_{b1} = 0.011\,05$，$\omega_{b2} = 1.000\,00$ $\omega_{f1} = 1.000\,00$，$\omega_{f2} = 1.000\,00$	无应答

续表

模型	数量	似然值 lnL	参数估计值	正选择位点
备择假设 b	36	−2 057.079 051	$p_{2a} = 0.706\ 55$, $p_{2b} = 0.033\ 60$ $\omega_{b1} = 0.010\ 15$, $\omega_{b2} = 1.000\ 00$ $\omega_{f1} = 1.000\ 00$, $\omega_{f2} = 1.000\ 00$	217R (0.893) 225F (0.894) 309D (0.898)
零假设 b0	35	−2 057.079 051	$p_{2a} = 0.706\ 61$, $p_{2b} = 0.033\ 60$ $\omega_{b1} = 0.010\ 15$, $\omega_{b2} = 1.000\ 00$ $\omega_{f1} = 1.000\ 00$, $\omega_{f2} = 1.000\ 00$	无应答
备择假设 c	36	−2 063.183 782	$p_{2a} = 0.000\ 00$, $p_{2b} = 0.000\ 00$ $\omega_{b1} = 0.012\ 40$, $\omega_{b2} = 1.000\ 00$ $\omega_{f1} = 1.000\ 00$, $\omega_{f2} = 1.000\ 00$	无
零假设 c0	35	−2 063.183 787	$p_{2a} = 0.000\ 00$, $p_{2b} = 0.000\ 00$ $\omega_{b1} = 0.012\ 40$, $\omega_{b2} = 1.000\ 00$ $\omega_{f1} = 1.000\ 00$, $\omega_{f2} = 1.000\ 00$	无应答
备择假设 d	36	−2 063.183 782	$p_{2a} = 0$, $p_{2b} = 0$ $\omega_{b1} = 0.012\ 40$, $\omega_{b2} = 1.000\ 00$ $\omega_{f1} = 1.000\ 00$, $\omega_{f2} = 1.000\ 00$	无
零假设 d0	35	−2 063.183 782	$p_{2a} = 0$, $p_{2b} = 0$ $\omega_{b1} = 0.012\ 40$, $\omega_{b2} = 1.000\ 00$ $\omega_{f1} = 1.000\ 00$, $\omega_{f2} = 1.000\ 00$	无应答
备择假设 e KR706528	36	−2 060.399 565	$p_{2a} = 0.953\ 77$, $p_{2b} = 0.046\ 23$ $\omega_{b1} = 0.011\ 57$, $\omega_{b2} = 1.000\ 00$ $\omega_{f1} = 85.230\ 42$, $\omega_{f2} = 85.230\ 42$	327Q (0.940)
零假设 e0	35	−2 060.580 471	$p_{2a} = 0.953\ 77$, $p_{2b} = 0.046\ 22$ $\omega_{b1} = 0.011\ 57$, $\omega_{b2} = 1.000\ 0$ $\omega_{f1} = 1.000\ 00$, $\omega_{f2} = 1.000\ 00$	无应答

分支-位点模型

表 3.4　LRT 检验统计

模型	模型比较	$2\Delta L$	自由度 df	概率 p
分支模型	M0 *vs.* A	1.787 402	1	0.1812
	M0 *vs.* B	8.340 644*	1	<0.05
	M0 *vs.* C	0.062 312	1	0.802 9
	M0 *vs.* F	24.392 052	30	0.754
位点模型	M0 *vs.* M3	34.934 584**	4	<0.01
	M1a *vs.* M2a	0	2	1
	M7 *vs.* M8	0.000 5	2	0.999 8
分支-位点模型	a *vs.* a0	0	1	1
	b *vs.* b0	0	1	1
	c *vs.* c0	0.000 01	1	0.997 5
	d *vs.* d0	0.361 812	1	0.547 5
	e *vs.* e0	0	1	1

注：＊表示差异显著（$p<0.05$）；＊＊表示差异极显著（$p<0.01$）。

位点模型中，模型 M3（离散）、M2a（选择）和 M8（beta & ω）允许 $\omega>1$，与其对应的零假设模型分别为 M1a（近中性）模型、M0（单一比值）模型和 M7（beta）模型。M3 模型显著优于 M0 零假设模型（$p<0.01$），表明各位点间承受的选择压力具有差异性。M2a（选择）模型中检测到 1 个正选择位点 170Q（后验概率为 51.3%），M8（beta & ω）模型中检测到 170Q（后验概率为 61.1%）和 180I（后验概率为 60.3%）为正选择位点，但经 LRT 检验，拒绝存在正选择位点的假设（表 3.4）（韩雨昕 等，2019）。

分支-位点模型中，指定 5 个分支为前景支，其中分支 D 的序列登录号为 JX028153，分支 E 的序列登录号为 KR706528。分支 C 和分支 E 没有检测到正选择位点。在分支 A 检测出 98L（后验概率为 68.6%）和 327Q（后验概率为 69.8%），分支 B 检测出 217R（后验概率为 89.3%）、225F（后验概率为 89.4%）和 309D（后验概率为 89.8%），分支 D 检测出 327Q（后验概率为 94.0%）等为正选择位点，但似然比检验拒绝存在正选择位点的假设

（见表 3.4），因此分支 A、B 和 D 的检验不能作为可靠的正选择位点证据（韩雨昕 等，2019）。

研究表明，弯枝藻属 *rbc*L 基因中未检测到正选择位点，说明其在进化过程中主要经受了中性选择或负选择。*rbc*L 是一个十分古老的基因，广泛存在于几乎所有高等和低等植物叶绿体中。因此在漫长的进化过程中，*rbc*L 基因很可能在结构和功能上已经趋于稳定，其适应性进化有可能在早期（数百万年前）已被固定，后来正选择位点被大量积累的中性替换位点或净化作用所掩盖，最终使正选择位点难以检测到（Yang et al.，2012）。此外，弯枝藻属仅含在全球分布的单一物种，其分子多样性水平较低。据李强等（2010）的研究，淡水红藻物种暴发的时间大约在 450 百万~600 百万年间，大部分淡水红藻类群均在这段时期内形成，因此可推测弯枝藻属的基因已在早期发生进化后被固定，因此现在未能检测到正选择位点（韩雨昕 等，2019）。

当一个基因经受正选择时，表明该类群需要产生新的功能来应对环境的巨变，而当基因处于强烈负选择时，则说明该基因保持原有的重要功能且趋于稳定（张丽君 等，2010）。通过对弯枝藻属 *rbc*L 基因编码蛋白的生物信息学分析，表明 Rubisco 大亚基二级结构主要由 α 螺旋和 β 折叠构成，结构稳定且结构域十分保守。以往对 Rubisco 结构的研究表明，Rubisco 大亚基的羧基端均有 1 个由 8 个 α 螺旋和 8 个 β 折叠组成的 α/β 桶结构域，与相邻的氨基端功能结构域（由 2 个 α 螺旋和 5 个 β 折叠组成的小亚基）共同构成酶的活性中心（Knight et al.，1990）。Rubisco 大亚基在植物光合作用中起着十分重要的作用，这些结构保证了 Rubisco 大亚基的重要功能位点保持稳定状态（韩雨昕 等，2019）。

在本节研究中，位点模型和分支–位点模型中均检测出可能的正选择位点，但经过似然比检验，备择假设不可靠，拒绝存在正选择位点的假设。在过去的几十年里对基因进化中正选择位点的研究成为热点，其中的主要原因是在各模型中正选择/负选择位点判断的统计方法有了很大进步。但据报道，似然比检验的结果依赖于模型使用的初始参数值，有时很难得到给定模型参数的最大似然估计值，得到的结果可能出现假阳性（Suzuki et al.，2001；2002）。Zhang（2004）就通过计算机模拟的方法检验出分支–位点模型的似然比检验可能存在假阳性。这种不可靠性可能是由于它对实验中所做假设的违背过于敏感，例如在不同位点分布有不同选择压力，以及在同义替换和非同义替换中的转换、颠换率存在差异所造成的。之后，又对分支–位点模型进行了改进，并使用它构建了两个 LRT 检验，分别为 test1 和 test2，经验证 test2 应用于实际数据分析较可靠，很好地解决了假阳性问题。基于已有研究，我们推测可能由于系统发育树分支长度较短，序列数量不够庞大导致假阳性存在，此外，选择压力放松也有可能造成这一结果（韩雨昕 等，2019）。

　　分支模型中各分支的 ω 值均小于 1，说明整体的弯枝藻属类群处于较强的负选择压力下，但分支 A、B、C 的进化速率存在一定差异，分支 C 的 ω 值极低（0.000 10），甚至低于单比率模型 ω 值（0.027 85），而分支 B 的进化速率（0.571 50）则远高于其他分支，LRT 检验也证实此观点的可靠。这可能是弯枝藻作为全球范围分布的单一物种，从系统发育树分支可以看出其分布具有明显的地域特点。A 分支分布于中国、澳大利亚及巴西；B 分支分布于美国；C 分支分布于马来西亚、印度尼西亚、西太平洋岛群等。由于弯枝藻生存的环境通常较为封闭，水体的温度、清洁度、溶氧量以及其他因素均有较大区别，所以长期处于不同的水体环境中可能导致不同分支的进化速率产生差异（韩雨昕 等，2019）。

　　对弯枝藻属植物 rbcL 基因的研究支持其未发生适应性进化的观点。在高等植物中，rbcL 基因正选择位点的存在十分普遍。但目前对藻类的适应性进化研究较少。巩超彦等（2017）在淡水红藻串珠藻目（Batrachospermales）植物适应性进化研究中，检测到 3 个正选择位点，其余位点则普遍处于负选择压力下。因此，今后有必要进一步对淡水红藻其他类群叶绿体 rbcL 基因的适应性进化进行深入研究，以探究其在海陆变迁过程中如何适应环境的巨变。

3.4 弯枝藻目植物共进化分析

基于本节研究所选弯枝藻属基因序列及已解析 *rbc*L 编码蛋白三维结构（PDB ID：5OYA），上传 CAPS 软件进行蛋白内部氨基酸对间共进化分析（Mario et al.，2006）。通过比对实验序列和已解析的 *rbc*L 编码蛋白三维结构（PDB ID：1BWV）以确定对应氨基酸位点的准确位置，基于氨基酸对的相关系数值统计出的共进化组（对）共 26 对（表 3.5）。蛋白内部氨基酸对间平均距离为 28.142 4 Å，标准差为 15.976 8。基于氨基酸疏水性相关性值统计出的共进化组（对）4 组（32 对）（见表 3.6）；基于氨基酸分子量相关性值统计出的共进化位点共 4 组（33 对）（见表 3.7）。选取其中相关系数较高的共进化位点在构建出的参考三维结构图中进行定位，如图版Ⅲ 11~13 所示（韩雨昕 等，2019）。

表 3.5 基于氨基酸对相关系数统计出的 Rubisco 大亚基的共进化组（对）

共进化对	位点 1	位点 2	平均值 *D*1	平均值 *D*2	概率 *p*	分子距离
1	17	143	13.463 3	8.088 4	0.501	9 999
2	17	172	13.463 3	3.561 7	0.667 3	9 999
3	17	178	13.463 3	5.998 5	0.751	9 999
4	17	180	13.463 3	7.544	0.999 4	9 999
5	17	188	13.463 3	3.945 5	0.584 1	9 999
6	17	204	13.463 3	10.293	0.999 9	9 999
7	17	275	13.463 3	4.913 6	0.754 9	9 999
8	17	282	13.463 3	7.448 8	0.578 2	9 999
9	17	287	13.463 3	7.548 5	0.999 6	9 999
10	143	204	8.088 4	10.293	0.498 3	37.704 5
11	143	275	8.088 4	4.913 6	0.943 5	27.160 3

共进化对	位点 1	位点 2	平均值 D1	平均值 D2	概率 p	分子距离
12	143	282	8.088 4	7.448 8	0.990 6	25.355 4
13	178	180	5.998 5	7.544	0.745 7	6.381 9
14	178	188	5.998 5	3.945 5	0.824 2	9.988
15	178	204	5.998 5	10.293	0.748 8	6.703 1
16	180	188	7.544	3.945 5	0.571 3	10.017 7
17	180	204	7.544	10.293	0.999 8	13.011 3
18	180	275	7.544	4.913 6	0.751 5	22.834 2
19	180	282	7.544	7.448 8	0.569 3	30.152 3
20	180	287	7.544	7.548 5	1	28.617 1
21	188	204	3.945 5	10.293	0.580 7	13.394 6
22	204	275	10.293	4.913 6	0.753 6	21.136 3
23	204	282	10.293	7.448 8	0.574 5	24.788 3
24	204	287	10.293	7.548 5	0.999 9	19.779 7
25	275	282	4.913 6	7.448 8	0.961 2	9.618
26	275	287	4.913 6	7.548 5	0.751 6	14.663 9
27	282	287	7.448 8	7.548 5	0.569 6	9.0177

表 3.6　基于氨基酸疏水性相关性值统计出的 Rubisco 大亚基的共进化组（对）

共进化组	共进化对	氨基酸位点 1	氨基酸位点 2	疏水性相关性值	概率 p
	1	17	143	0.221 8	0.035 7
	2	17	204	−0.089 2	0.037 5
	3	17	275	0.153 6	0.036 0
	4	17	282	0.370 5	0.033 7
G1	5	143	204	0.572 7	0.025 0
	6	143	275	0.882 7	0.020 5
	7	143	282	0.849 1	0.021 0
	8	204	275	0.639 4	0.024 4
	9	204	282	0.310 4	0.034 7
	10	275	282	0.769 5	0.023 3

续表

共进化组	共进化对	氨基酸位点 1	氨基酸位点 2	疏水性相关性值	概率 p
G2	11	17	172	0.074 3	0.042 1
	12	17	178	0.307 4	0.034 7
	13	17	180	0.927 2	0.019 8
	14	17	204	−0.089 2	0.037 5
G3	15	178	180	0.284 8	0.035 3
	16	178	188	0.699 0	0.024 0
	17	178	204	0.728 5	0.023 8
	18	188	204	0.628 3	0.024 4
	19	17	180	0.927 2	0.019 8
	20	17	204	−0.089 2	0.037 5
	21	17	275	0.153 6	0.036 0
	22	17	282	0.370 5	0.033 7
	23	17	287	0.352 7	0.033 9
	24	180	275	0.204 9	0.036 0
	25	180	282	0.398 4	0.030 3
G4	26	180	287	0.315 8	0.034 6
	27	204	275	0.639 4	0.024 4
	28	204	282	0.310 4	0.034 7
	29	204	287	0.732 3	0.023 8
	30	275	282	0.769 5	0.023 3
	31	275	287	0.551 2	0.025 6
	32	282	287	0.308 3	0.034 7

表 3.7　基于氨基酸分子量统计出的 Rubisco 大亚基的共进化组（对）

共进化组	共进化对	氨基酸位点 1	氨基酸位点 2	分子量相关性值	概率 p
G1	1	17	143	0.404 8	0.027 0
	2	17	204	0.362 8	0.030 0
	3	17	275	0.403 5	0.027 0
	4	17	282	0.362 2	0.030 0

共进化组	共进化对	氨基酸位点 1	氨基酸位点 2	分子量相关性值	概率 p
G1	5	143	204	0.823 7	0.018 5
	6	143	275	0.869 0	0.017 6
	7	143	282	0.744 1	0.020 5
	8	204	275	0.805 2	0.018 5
	9	204	282	0.546 2	0.022 7
	10	275	282	0.734 1	0.020 6
G2	11	17	172	0.376 8	0.030 0
G3	12	17	178	0.082 3	0.035 8
	13	17	180	0.949 4	0.000 2
	14	17	204	0.362 8	0.030 0
	15	178	180	0.172 3	0.033 4
	16	178	188	−0.065 5	0.041 2
	17	178	204	0.571 8	0.022 6
	18	180	188	−0.062 6	0.041 5
	19	180	204	0.413 9	0.026 9
	20	188	204	0.249 9	0.030 9
G4	21	17	180	0.949 4	0.000 2
	22	17	204	0.362 8	0.030 0
	23	17	275	0.403 5	0.027 0
	24	17	282	0.362 2	0.030 0
	25	180	204	0.413 9	0.026 9
	26	180	275	0.443 7	0.023 5
	27	180	282	0.367 7	0.030 0
	28	204	275	0.805 2	0.018 5
	29	204	282	0.546 2	0.022 7
	30	204	287	0.711 6	0.020 6
	31	275	282	0.734 1	0.020 6
	32	275	287	0.662 8	0.020 8
	33	282	287	0.439 1	0.023 5

在共进化分析中，弯枝藻属中检测到的共进化组相对于其他淡水红藻类群较少，我们认为可能与该属在淡水红藻中起源时间较早，有着漫长的进化历史，从而发生了共进化组的丢失，同时其为全球单一物种，其基因的变异性十分保守（Necchi et al.，2013），因此检测到的共进化组对较少，这与适应性进化的检测结果一致。共进化组对是基于淡水红藻类群 *rbc*L 基因编码蛋白内部氨基酸对的相关系数值、不同位置氨基酸之间疏水性相关性值、分子量相关性值的相关系数统计得出的。本节研究结果说明，共进化对维持蛋白质亲水性/疏水性具有重要意义，也与目标蛋白的分子量变化有密切联系。在蛋白质内部氨基酸间的变异存在紧密联系，其中一个氨基酸位点发生变化，与其相关联的氨基酸位点会以补偿突变的方式来维持蛋白质结构和功能的稳定（Thompson et al.，2005），或使淡水红藻植物获得更利于适应环境的新性状。

参考文献

巩超彦，南芳茹，冯佳，等，2017. 串珠藻目植物 *rbc*L 基因的适应性进化分析 [J]. 海洋与湖沼，3（48）：109-117.

韩雨昕，南芳茹，巩超彦，等，2019. 弯枝藻属 *rbc*L 基因的适应性进化分析 [J]. 热带亚热带植物学报，27（1）：36-44.

李强，吉莉，谢树莲，2010. 串珠藻目植物的系统发——基于 *rbc*L 序列的证据 [J]. 水生生物学报，34（1）：20-28.

施之新，2006. 中国淡水藻志，第 13 卷，红藻门、褐藻门 [M]. 北京：科学出版社，1-77.

张丽君，陈洁，王艇，2010. 蕨类植物叶绿体 *rps*4 基因的适应性进化分析 [J]. 植物研究，30（1）：42-50.

BURLAND T G，2000. DNASTAR's Lasergene sequence analysis software [J]. Methods in Molecular Biology，132：71-91.

GUINDON S, DUFAYARD J F, LEFORT V, et al., 2010. New algorithms and methods to estimate maximum-likelihood phylogenies: assessing the performance of Phy M_L 3.0 [J]. Systematic Biology, 59 (3): 307-321.

KNIGHT S, ANDERSSON I, BRÄNDéN C I, 1990. Crystallographic analysis of ribulose 1, 5-bisphosphate carboxylase from spinach at 2 · 4 Å resolution: Subunit interactions and active site [J]. Journal of Molecular Biology, 215 (1): 113-160.

KRISHNAMURTHY V, 1962. The morphology and taxonomy of the genus *Compsopogon* Montagne [J]. Journal of the Linnean Society of London, Botany, 58: 207-222.

KUMANO S, 2002. FreshwaterRed Algae of the World [M]. Bristol, U. K. Biopress Ltd., 1-375.

MARIO A F, DAVID M, 2006. CAPS: coevolution analysis using protein sequences [J]. Bioinformatics, 22 (22): 2821-2822.

NAN F R, FENG J, LV J P, et al., 2016. Evolutionary history of the monospecific *Compsopogon* genus (Compsopogonales, Rhodophyta) [J]. Algae, 31 (4): 303-315.

NECCHI JR O, FO A S G, SALOFMAKI E D, et al., 2013. Global sampling reveals low genetic diversity within *Compsopogon* (Compsopogonales, Rhodophyta) [J]. European Journal of Phycology, 48: 152-162.

NECCHI JR O, RIBEIRO D M, 1992. The family Compsopogonaceae (Rhodophyta) in Brazil [J]. Archivfur Hydrobiologie, 94: 105-118.

POSADA D, CRANDALL K A, 1998. Modeltest: testing the model of DNA substitution [J]. Bioinformatics, 14 (9): 817-818.

RINTOUL T L, SHEATH R G, VIS M L, 1999. Systematics and biogeography of the Compsopogonales (Rhodophyta) with emphasis on the freshwater families in North America [J]. Phycologia, 38: 517-527.

SHEATH R G, HAMBROOK J A, 1990. Freshwater ecology. In Cole K. M. & Sheath R. G. (Eds.) Biology of the Red Algae [M]. Cambridge: Cambridge University Press, 423-453.

SUZUKI Y, NEI M, 2001. Reliabilities of parsimony-based and likelihood-based methods for detecting positive selection at single amino acid sites [J]. Molecular Biology and

Evolution, 18 (12): 2179-2185.

SUZUKI Y, NEI M, 2002. Simulation study of the reliability and robustness of the statistical methods for detecting positive selection at single amino acid sites [J]. Molecular Biology and Evolution, 19 (11): 1865-1869.

TAMURA K, PETERSON D, PETERSON N, et al., 2011. MEGA5: molecular evolutionary genetics analysis using maximum likelihood, evolutionary distance, and maximum parsimony methods [J]. Molecular Biology and Evolution, 28 (10): 2731-2739.

THOMPSON J N, 2005. The Geographic Mosaic of Coevolution [M]. Chicago: University of Chicago Press, 43-55.

VIS M L, SHEATH R G, COLE K M, 1992. Systematics of the freshwater red algal family Compsopogonaceae in North America [J]. Phycologia, 31: 564-575.

YANG Z, 2007. PAML 4: phylogenetic analysis by maximum likelihood [J]. Molecular Biology and Evolution, 24 (8): 1586-1591.

ZHANG J, 2004. Frequent false detection of positive selection by the likelihood method with branch-site models [J]. Molecular Biology and Evolution, 21 (7): 1332-1339.

第4章　胭脂藻属植物的适应性进化及共进化分析

4.1　胭脂藻属植物系统发育树构建

胭脂藻属（*Hildenbrandia* Nardo）隶属红藻门（Rhodophyta）真红藻纲（Florideophyceae）胭脂藻目（Hildenbrandiales）胭脂藻科（Hildenbrandiaceae），藻体橘红色或暗紫色，软骨质状，匍匐呈扁平皮壳状，由基层细胞和直立细胞组成（施之新，2006）。胭脂藻在海洋和淡水中均有分布，两个种群形态相似，但最显著的区别是生殖方式的不同，海洋类群通过四分孢子囊（tetrasporangia）进行繁殖，淡水类群通过藻体的断裂和孢芽（gemmae）进行繁殖（Irvine et al.，1994）。胭脂藻属在海洋生境中广泛分布（Womersley，1996；Silva et al.，1996），而在淡水条件下对生境条件要求严格，种群分布非常罕见，已在许多国家被列为濒危物种（Stoyneva et al.，2003；Temniskova et al.，2008）。胭脂藻是淡水红藻中起源较早、进化历史较为漫长的类群之一。

从 GenBank 获得胭脂藻属类群的 *rbc*L 基因共 25 条及外类群序列 3 条（见表 4.1）。用 ClustalX 软件对序列对位排列并人工校对（Thompson et al.，1997），经剪辑每条序列均由 321 个密码子组成（Nan et al.，2020）。

利用 MEGA 7.0 获得序列特点（Kumar et al.，2016），运行 Modeltest 3.7 软件进行模型筛选（Posada et al.，1998），筛选最合适的核苷酸进化模型为 GTR+I+G（见表 4.2）。运行软件 PhyML 3.0 采用最大似然法（ML）

（Guindon et al., 2010），重复次数设置为 1 000 次，计算结果输入 Figtree 1.4.2 进行编辑（http：//tree. bio. ed. ac. uk/software/figtree/），构建胭脂藻属系统发育树。

表 4.1　用于本研究的胭脂藻属 *rbc*L 基因 GenBank 登录号

分类单位	GenBank 登录	产地
	AF208798	澳大利亚
	AF208802	法国
	AF208806	意大利
	AF208810	西班牙
河生胭脂藻	AY028816	瑞典
（*Hildenbrandia rivularis*）	AF208805	爱尔兰
	AF208804	德国
	AF534408	非洲
	AF208813	威尔士
	AF107816	哥斯达黎加
安哥拉胭脂藻	AF207832、AF534409	菲律宾
（*H. angolensis*）	AF107827、AF107828、AF107829、AF534405	美国
	AF208807	挪威
	AF208812	瑞典
	AF107811，AF249674	美国
胭脂藻	AF107824	加拿大
（*H. rubra*）	AF208800	法国
	AF208815	威尔士
	AF107822	墨西哥
Hildenbrandia sp.	KU573964	中国
紫球藻（*Porphyridium purpureum*）	DQ308439	
Erythrolobus coxiae	DQ308437	
铜绿紫球藻（*Porphyridium aerugineum*）	X17597	

表 4.2　**Modeltest 3.7 检验得到的 *rbc*L 基因优化模型参数**

模型参数	碱基频率	矩阵参数
GTR+I+G		R［A-C］= 2.762 8
−lnL = 7915.543 9	FreqA = 0.301 8	R［A-G］= 5.194 3
	FreqC = 0.129 1	R［A-T］= 4.286 1
K = 10	FreqG = 0.211 9	R［C-G］= 2.254 8
(I) = 0.493	FreqT = 0.357 2	R［C-T］= 20.912 3
(G) = 1.607		R［G-T］= 1.000 0

以 *Porphyridium* 和 *Erythrolobus coxiae* 为外类群，基于胭脂藻属 *rbc*L 基因序列构建胭脂藻属的系统发育树（见图 4.1）。由图 4.1 可知，胭脂藻属内所有类群可分为 5 个较大分支，小分支则较多。其中，分支 A 包含物种河生胭脂藻和安哥拉胭脂藻，后验概率为 81%；分支 B 包含安哥拉胭脂藻和胭脂藻两个类群，后验概率为 99%；分支 C 后验概率为 53.8%，其内部又分为两个小分支，一支由 8 株河生胭脂藻、1 株未命名种 *Hildenbrandia* sp. 以及 3 株安哥拉胭脂藻组成，另一株安哥拉胭脂藻则独立形成一个小分支；分支 D 为 2 株胭脂藻，后验概率为 84.1%；分支 E 为 4 株胭脂藻，后验概率为 60.3%。

从胭脂藻属的系统发育分析可以看出，基于 *rbc*L 基因构建的系统发育树内存在多个复杂分支，其中一个分支内部存在多个种属的情况多有发生，同一种群也出现了分散于多个不同分支的现象。早在 1834 年 Nardo 建立了该属（Liebman，1839），起初通过形态学的观察对胭脂藻属进行了分类，淡水胭脂藻种类的鉴定依据包括细胞大小、直径和藻体高度，其中细胞大小和藻体高度是两个主要的分类特征，但也有研究表明胭脂藻细胞大小、藻体高度受环境因素的影响较大，在不同的环境条件下是可变的，同时胭脂藻属内不同物种的形态特征有时差别十分微小难以辨别，因而依据传统的形态学分类方法对淡水胭脂藻进行种类鉴定存在很大的困难（Sherwood et al.，2000；Sherwood et al.，2003）。在近年引入分子学的研究方法后，很

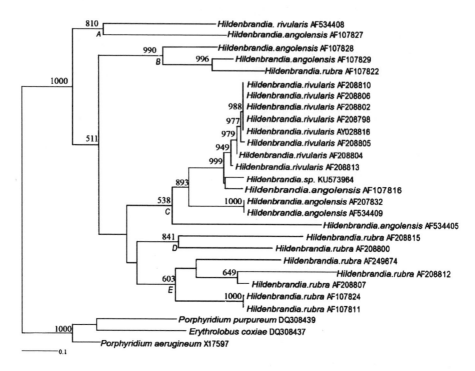

图 4.1　基于 *rbc*L 基因序列构建的系统发育树

注：节点处的数字代表最大似然法步靴值，A、B、C、D、E 分别代表选定的分支

多种群的分类地位发生了变化，基于 *rbc*L、18S rDNA 等分子数据的支持，提议了两个新种鸡公山胭脂藻（*Hildenbrandia jigongshanensis*）和日本胭脂藻（*H. japananensis*）（Nan et al.，2017；2019）。基于从北美洲采集的标本，利用 *rbc*L 和 18S rDNA 序列分析，发现淡水种河生胭脂藻为单系类群，而安哥拉胭脂藻在系统树中呈多系分布，淡水类群与海洋类群呈多系聚类关系，由此推测淡水红藻是由海洋种类向内陆多次入侵而形成的（Sherwood et al.，1999；2000），因此出现了系统发育树分支较为混乱的情况（Bessey，1887）。在本节研究中后续的适应性进化及共进化分析中以此系统发育树为基础。

4.2　胭脂藻属植物基于基因序列的生物信息学分析

选取登录号为 AF208813 的 *rbc*L 基因序列作为参考序列，以氨基酸序列的形式上传 ProtParam（http：//web. expasy. org/protparam/），对所选胭脂藻属 *rbc*L 基因编码蛋白的理化性质进行分析，并利用 ProtScale（http://web. expasy. org/protscale/）预测该蛋白质的亲水性/疏水性。利用 NetPhos 3. 1Server（http：//www. cbs. dtu. dk/services/NetPhos/）对蛋白质进行磷酸化位点预测。利用软件包 DNASTAR. Lasergene. v 7. 1 中 Protean 模块对该蛋白质的二级结构进行分析（Burland，2000）。

Rubisco 大亚基的亲水性/疏水性预测：蛋白亲水性/疏水性由 GRAVY 值衡量，利用 ProtParam（http：//web. expasy. org/protparam/）测得 Rubisco 大亚基的 GRAVY 均值为−1. 004 具有亲水性，推断为水溶性蛋白质。由图 4. 2 可知，胭脂藻属植物 Rubisco 大亚基氨基酸序列在第 175 位异亮氨酸的 GRAVY 最高（2. 989），表明该位点具有极强疏水性；第 209 位的丝氨酸 GRAVY 最小（−2. 500），表明该位点具有极强亲水性。

Rubisco 大亚基磷酸化位点预测：用 NetPhos 3. 1 Server 对 Rubisco 大亚基磷酸化位点进行预测（见图版Ⅳ−3），结果表明，该蛋白磷酸化位点共 15 个，其中丝氨酸（Ser）磷酸化位点有 7 个，分别位于 20、89、116、186、206、209 和 227 位点；苏氨酸（Thr）磷酸化位点有 5 个，分别位于 81、140、154、207 和 237 位点；酪氨酸（Tyr）磷酸化位点有 3 个，分别位于 5、147 和 159 位点。

Rubisco 大亚基的二级结构及保守结构域预测：采用 DNAStar 软件包中 Protean 模块，对 Rubisco 大亚基的二级结构进行预测（Burland，2000），如图版Ⅳ−4 所示。Garnier-Robson 方法预测胭脂藻属植物 Rubisco 大亚基有 17 个 α 螺旋，26 个 β 折叠，14 个转角以及一些小片段的无规则

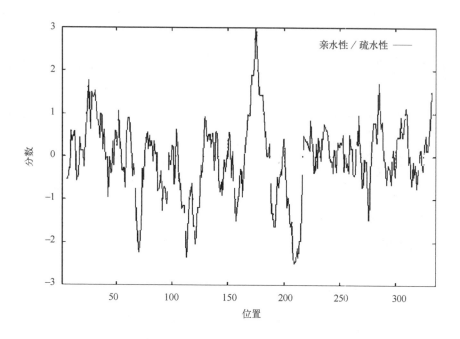

图 4.2　胭脂藻 *rbc*L 编码蛋白的亲水性/疏水性预测

卷曲。Chou-Fasman 方法则预测有 15 个 α 螺旋，13 个 β 折叠，18 个转角。两种方法预测的 α 螺旋分别位于第 15~24 位、第 33~47 位和第 136~143 位等；β 折叠分别位于第 4~9 位、第 26~33 位和第 51~58 位等；转角结构位于第 2~4 位、第 71~74 位和第 89~92 位等。Garnier-Robson 方法预测的无规则卷曲分别位于第 58~61 位、第 115~119 位和第 287~291 位等。

　　蛋白质二级结构主要是由羧基与酰胺基之间形成的氢键维持稳定，其肽链中主链通过氢键作用有规则地盘曲折叠，在一维方向形成周期性变化的构型结构。其中 α 螺旋和 β 折叠结构稳定，不易发生形变，无规则卷曲则结构多变，易发生形变。在本节研究中采用 Garnier-Robson 方法及 Chou-Fasman 方法对蛋白质二级结构进行预测，用两种方法预测，*rbc*L 编码蛋白二级结构主要由 α 螺旋和 β 折叠构成，其间由转角及少量无规则卷曲连接，表明该蛋白结构保持较为保守稳定的状态。

4.3　胭脂藻属植物适应性进化分析

　　基于选取的胭脂藻属 rbcL 基因及 ML 系统进化树，应用 PAML4.9 软件包中 Codeml 程序，分别采用分支模型、位点模型及分支-位点模型对其进行适应性进化分析（Yang，2007）。

　　位点模型中利用三对模型：M0（单一比值）和 M3（离散）、M1a（近中性）和 M2a（选择）以及 M7（beta）和 M8（beta & ω）进行正选择及负选择位点的筛选。三对模型中前者为零假设，后者为备择假设，三对模型需经 LRT 检验其结果可靠性（Yang，1998）。分支模型通过单比率模型、自由比率模型以及二比率模型对内类群分支的进化速率进行检测。分支-位点模型中选取内类群指定分支对其正选择位点进行检验。检测结果见表 4.3 和表 4.4。

表 4.3　各模型对数似然值和参数估计值

	模型	参数个数	似然值 lnL	参数估计值	正选择位点
分支模型	单比率模型 M0	56	−5 546.871 096	$\omega = 0.023\ 76$	无应答
	二比率模型 A	57	−5 542.548 275	$\omega_0 = 0.025\ 89$，$\omega_1 = 0.011\ 21$	无应答
	二比率模型 B	57	−2 075.109 685	$\omega_0 = 0.024\ 20$，$\omega_1 = 0.018\ 96$	无应答
	二比率模型 C	57	−5 546.527 374	$\omega_0 = 0.022\ 96$，$\omega_1 = 0.027\ 78$	无应答
	二比率模型 D	57	−5 545.023 491	$\omega_0 = 0.025\ 32$，$\omega_1 = 0.014\ 99$	无应答
	二比率模型 E	57	−5 544.426 077	$\omega_0 = 0.021\ 61$，$\omega_1 = 0.034\ 48$	无应答
	自由比率模型	109	−5 487.780 133		无应答

	模型	参数个数	似然值 $\ln L$	参数估计值	正选择位点
位点模型	M1a：近中性	57	−5 515.838 181	$p_0 = 0.968\ 92$, $p_1 = 0.031\ 08$ $\omega_0 = 0.020\ 01$, $\omega_1 = 1.000\ 00$	无应答
	M2a：选择	59	−5 515.838 181	$p_0 = 0.968\ 92$, $p_1 = 0.031\ 08$ $p_2 = 0.000\ 00$, $\omega_0 = 0.020\ 01$ $\omega_1 = 1.000\ 00$, $\omega_2 = 23.721\ 50$	无应答
	M3：离散	60	−5 374.952 725	$p_0 = 0.687\ 14$, $p_1 = 0.227\ 32$ $p_2 = 0.072\ 25$, $\omega_0 = 0.000\ 00$ $\omega_1 = 0.046\ 14$, $\omega_2 = 0.202\ 03$	无应答
	M7（beta）	57	−5 378.431 998	$p = 0.131\ 79$, $q = 3.881\ 00$	无应答
	M8（beta & ω）	59	−5 378.434 457	$p_0 = 0.999\ 99$, $p = 0.131\ 78$, $q = 3.881\ 02$ $p_1 = 0.000\ 01$, $\omega = 2.669\ 52$	无应答
分支-位点模型	备择假设 a	59	−5 515.133 778	$p_{2a} = 0.004\ 61$, $p_{2b} = 0.005\ 25$ $\omega_{b1} = 1.000\ 00$, $\omega_{b2} = 0.019\ 83$ $\omega_{f1} = 1.000\ 00$, $\omega_{f2} = 7.900\ 35$	124V (0.751) 181N (0.826)
	零假设 a0	58	−5 515.730 714	$p_{2a} = 0.003\ 75$, $p_{2b} = 0.000\ 12$ $\omega_{b1} = 1.000\ 00$, $\omega_{b2} = 0.019\ 81$ $\omega_{f1} = 1.000\ 00$, $\omega_{f2} = 1.000\ 00$	无应答
	备择假设 b	59	−5 515.838 182	$p_{2a} = 0.000\ 00$, $p_{2b} = 0.000\ 00$ $\omega_{b1} = 1.000\ 00$, $\omega_{b2} = 0.020\ 01$ $\omega_{f1} = 1.000\ 00$, $\omega_{f2} = 1.000\ 00$	无应答
	零假设 b0	58	−5 515.838 183	$p_{2a} = 0.000\ 00$, $p_{2b} = 0.000\ 00$ $\omega_{b1} = 1.000\ 00$, $\omega_{b2} = 0.020\ 01$ $\omega_{f1} = 1.000\ 00$, $\omega_{f2} = 1.000\ 00$	无应答
	备择假设 c	59	−5 494.069 178	$p_{2a} = 0.055\ 72$, $p_{2b} = 0.001\ 79$ $\omega_{b1} = 1.000\ 00$, $\omega_{b2} = 0.017\ 54$ $\omega_{f1} = 1.000\ 00$, $\omega_{f2} = 1.061\ 61$	254Q (0.752) 260Q (0.929) 261D (0.636) 264S (0.722) 268V (0.705) 278A (0.764)

续表

模型	参数个数	似然值 lnL	参数估计值	正选择位点
零假设 c0	58	−5 494.080 046	$p_{2a} = 0.057\ 05$, $p_{2b} = 0.001\ 84$ $\omega_{b1} = 1.000\ 00$, $\omega_{b2} = 0.017\ 51$ $\omega_{b1} = 1.000\ 00$, $\omega_{b2} = 0.017\ 51$	无应答
备择假设 d	59	−5 515.838 183	$p_{2a} = 0$, $p_{2b} = 0$ $\omega_{b1} = 1.000\ 00$, $\omega_{b2} = 0.020\ 01$ $\omega_{f1} = 1.000\ 00$, $\omega_{f2} = 1.000\ 00$	25L (0.547) 248L (0.603)
零假设 d0	58	−5 515.838 184	$p_{2a} = 0$, $p_{2b} = 0$ $\omega_{b1} = 1.000\ 00$, $\omega_{b2} = 0.020\ 01$ $\omega_{f1} = 1.000\ 00$, $\omega_{f2} = 1.000\ 00$	无应答
备择假设 e	59	−5 492.951 044	$p_{2a} = 0.064\ 82$, $p_{2b} = 0.002\ 06$ $\omega_{b1} = 1.000\ 00$, $\omega_{b2} = 0.016\ 79$ $\omega_{f1} = 1.000\ 00$, $\omega_{f2} = 1.000\ 00$	260Q (0.887) 264S (0.867) 268V (0.587) 278A (0.561)
零假设 e0	58	−5 492.951 044	$p_{2a} = 0.064\ 82$, $p_{2b} = 0.002\ 06$ $\omega_{f1} = 1.000\ 00$, $\omega_{f2} = 1.000\ 00$ $\omega_{b1} = 1.000\ 00$, $\omega_{b2} = 0.016\ 79$	无应答

（表格左侧纵向标注：分支-位点模型）

表 4.4　LRT 检验统计

模型	模型比较	$2\Delta L$	自由度 df	概率 p
分支模型	M0 *vs.* A	8.645 642	1	0.003 **
	M0 *vs.* B	0.465 836	1	0.49
	M0 *vs.* C	0.687 444	1	0.41
	M0 *vs.* D	3.695 21	1	0.055
	M0 *vs.* E	4.890 038	1	0.027 *

模型	模型比较	$2\Delta L$	自由度 df	概率 p
	M0 *vs.* M3	343.836 742	4	0**
位点模型	M1a *vs.* M2a	0	2	1
	M7 *vs.* M8	0.004 918	2	0.998
	a *vs.* a0	1.193 872	1	0.274 5
	b *vs.* b0	0.000 001	1	0.999
分支-位点模型	c *vs.* c0	0.021 736	1	0.883
	d *vs.* d0	0.000 001	1	0.999
	e *vs.* e0	0	1	1

分支模型是用来估算各个分支整体进化速率的。其中自由比率模型显示，分支 A~E 的 ω 值均小于1，意味着分支 A~E 均处于负选择压力下。二比率模型中选取分支 A~E 为前景支，经检验其 ω 值均小于1，这些分支不存在正选择位点。分别对分支模型中二比率模型 A、B、C、D、E 以及自由比率模型与单比率模型进行 LRT 检验，其中分支 A（$p=0.003$）和分支 E（$p=0.027$）结果可靠（$p<0.05$），其余分支后验概率均表明其不具有可靠性。

在位点模型中，M3 模型显著优于 M0 零假设模型（$p=0<0.01$，为极显著），表明各位点间承受的选择压力具有差异性。M2a（选择）的 ω 值等于1、M8（beta & ω）的 ω 值大于1，但没有出现正选择位点。经 LRT 检验，拒绝存在 *rbc*L 正选择位点的假设。比较模型的作用是检验各位点能否取不同的 ω 值。表4.3 显示所有位点的 ω 值不相同，且不存在正选择位点，说明这些选取的胭脂藻属的 *rbc*L 基因受到强烈的负选择压力的影响。

分支-位点模型中分别指定 A、B、C、D、E 分支为前景支，其余分支则为背景支。检测结果中共 3 个分支检测出存在正选择位点的概率。分支 A 中测得 2 个位点：124V（75.1%）和 181N（82.6%）；分支 C 共检测出 6 个位点，分别为 254Q（75.2%）、260Q（92.9%）、261D（63.6%）、

264S（72.2%）、268V（70.5%）、278A（76.4%），分支 D 中检测出 25L（54.7%）和 248L（60.3%）两个位点，分支 E 共检测出 260Q（88.7%）、264S（86.7%）、268V（58.7%）和 278A（56.1%）4 个正选择位点。将各分支零假设与备择假设进行似然比值检验概率远大于 5%，表明检测结果不可靠，故没有检测出具有统计学意义的正选择位点。

对胭脂藻属植物进行适应性进化分析，未检测到 *rbc*L 基因内部存在可靠的正选择位点，表明该类群处于较强的负选择压力下，*rbc*L 基因进化趋于保守。以往研究表明，功能蛋白编码区基因进化速率显著低于非编码区，重要蛋白编码区基因为保证蛋白结构及功能的稳定性，其进化一般较为保守（田鹏 等，2014）。*rbc*L 基因编码蛋白承担重要功能，在植物光合作用及呼吸作用中均为关键性酶。因此，关键基因的突变对植物代谢影响十分敏感，一旦出现不利于植物适应环境的变异便会被清除。目前对淡水藻类 *rbc*L 基因的适应性进化分析中大部分检测结果较为保守。

胭脂藻属大约在 408 百万年前发生了分歧，形成一支独立分支（Yang et al.，2016）。目前胭脂藻分为海洋和淡水两大类群。关于胭脂藻淡水类群的起源有以下观点：Sherwood 等在 1999 年、2000 年基于 *rbc*L 基因和 18SrDNA 序列研究发现，海洋类群和淡水胭脂藻类群存在多系关系，据此提出淡水红藻是由海洋类群多次入侵内陆而形成；而随后 2002 年 Sherwood 又基于大量分子序列对淡水和海水胭脂藻类群进行研究，结果支持淡水红藻类群是由海水类群单次入侵形成的。因此，目前的研究对两个类群的界定仍然不够准确，需要进行更加深入的研究。

基因的突变存在随机性，大部分为有害突变，仅有极少数为有利突变，经过环境的筛选后，能被固定并稳定遗传给后代。胭脂藻属植物全球分布广泛但对水体要求较高，只有在特殊生境中才能存活，大多属于脆弱群体，因此推测与其基因进化的保守性有密切关联。胭脂藻属在板块移动或随水体流动过程中发生分散，但只有到达温度较高及存在特殊电导率的水体中才能生存，表明其虽然分布范围较广，但是对环境的适应并没有较大改变，这与我们检测到其未发生适应性进化的结果一致。

4.4　胭脂藻属植物共进化分析

基于本研究所选胭脂藻属基因序列及已解析 *rbc*L 编码蛋白三维结构（PDBID：6FTL），上传 CAPS 软件进行蛋白内部氨基酸对间共进化分析（Mario et al.，2006）。通过比对实验序列和已解析的 *rbc*L 编码蛋白三维结构（PDBID：6FTL）以确定对应氨基酸位点的准确位置，基于氨基酸对的相关系数值统计出的共进化组（对）共41对（表4.5）。蛋白内部氨基酸对间平均距离为 24.906 5Å，标准差为 10.183 0。基于氨基酸疏水性相关性值统计出的共进化组（对）14组（46对）（见表4.6）；基于氨基酸分子量相关性值统计出的共进化组（对）13组（39对）（见表4.7）。选取其中相关系数较高的共进化位点在构建出的参考三维结构图中进行定位（见图版Ⅲ14~16）。

表 4.5　基于氨基酸对相关系数统计出的 Rubisco 大亚基的共进化组（对）

共进化对	位点 1	位点 2	平均值 D1	平均值 D2	概率 p	分子距离
1	35	173	1.494 1	3.178 9	0.404 6	9 999
2	35	176	1.494 1	13.737 5	0.324 0	9 999
3	35	234	1.494 1	1.972 8	0.234 1	9 999
4	50	147	3.603 9	8.821 3	0.398 8	9 999
5	50	150	3.603 9	7.499 9	0.311 8	9 999
6	64	180	8.600 4	4.962 5	0.235 9	9 999
7	64	249	8.600 4	6.408 7	0.276 4	9 999
8	64	285	8.600 4	1.108 4	0.449 0	9 999
9	116	150	3.592 9	7.499 9	0.236 3	15.458 8
10	116	246	3.592 9	5.291 6	0.275 3	24.093 9

续表

共进化对	位点 1	位点 2	平均值 $D1$	平均值 $D2$	概率 p	分子距离
11	144	241	3.163 4	4.747 5	0.239 1	29.322 6
12	147	160	8.821 3	13.402 9	0.650 9	25.572 1
13	147	180	8.821 3	4.962 5	0.268 4	42.003 5
14	147	241	8.821 3	4.747 5	0.434 8	28.030 7
15	147	246	8.821 3	5.291 6	0.456 1	26.351 6
16	147	250	8.821 3	3.165 3	0.225 6	23.899 8
17	147	254	8.821 3	4.897 8	0.389 0	25.169 0
18	147	261	8.821 3	7.818 6	0.320 0	30.468 9
19	173	247	3.178 9	14.845 3	0.348 0	24.673 5
20	180	241	4.962 5	4.747 5	0.880 5	14.222 7
21	180	246	4.962 5	5.291 6	0.241 3	24.177 5
22	180	247	4.962 5	14.845 3	0.322 7	26.038 6
23	180	250	4.962 5	3.165 3	0.640 6	21.619 8
24	180	254	4.962 5	4.897 8	0.553 9	21.363 7
25	180	261	4.962 5	7.818 6	0.415 9	22.268 9
26	180	285	4.962 5	1.108 4	0.666 3	32.968 0
27	241	246	4.747 5	5.291 6	0.497 0	13.429 3
28	241	247	4.747 5	14.845 3	0.433 2	13.299 0
29	241	250	4.747 5	3.165 3	0.749 8	8.757 8
30	241	254	4.747 5	4.897 8	0.631 9	9.503 5
31	241	261	4.747 5	7.818 6	0.476 5	15.118 4
32	241	285	4.747 5	1.108 4	0.469 2	19.801 1
33	246	247	5.291 6	14.845 3	0.475 1	5.018 9
34	246	250	5.291 6	3.165 3	0.345 3	6.413 3
35	246	254	5.291 6	4.897 8	0.372 2	12.566 9
36	246	261	5.291 6	7.818 6	0.276 2	22.902 7
37	247	250	14.845 3	3.165 3	0.527 6	4.751 6
38	247	259	14.845 3	4.897 8	0.440 7	17.345 7
39	254	261	4.897 8	7.818 6	0.887 1	10.488 3
40	254	285	4.897 8	1.108 4	0.584 9	14.820 8
41	261	285	7.818 6	1.108 4	0.614 9	16.970 7

表 4.6   基于氨基酸疏水性相关性值统计出的 Rubisco 大亚基的共进化组（对）

共进化组	共进化对	氨基酸位点 1	氨基酸位点 2	疏水性相关性值	概率 p
G1	1	35	173	0.378 3	0.009 2
G2	2	35	176	0.360 0	0.009 5
G4	3	50	147	0.360 9	0.009 5
G6	4	180	285	0.597 6	0.005 6
G7	5	64	249	−0.148 5	0.018 4
G8	6	116	150	0.165 4	0.017 9
G10	7	144	241	−0.058 7	0.042 4
G11	8	147	160	0.611 5	0.005 2
G12	9	147	180	0.307 6	0.010 7
	10	147	241	0.352 1	0.009 7
	11	147	246	0.493 2	0.006 5
	12	147	250	0.298 5	0.010 8
	13	180	241	0.554 1	0.005 8
	14	180	246	0.297 4	0.010 9
	15	180	250	0.620 8	0.004 3
	16	241	246	0.509 8	0.006 4
	17	241	250	0.140 8	0.019 0
	18	246	250	0.302 5	0.010 8
G13	19	147	246	0.493 2	0.006 5
	20	147	254	0.346 5	0.009 9
	21	147	261	0.278 2	0.011 6
	22	246	254	0.574 5	0.005 7
	23	246	261	0.457 3	0.007 0
	24	254	261	0.769 1	0.003 0
G14	25	173	247	0.303 4	0.010 7
G15	26	180	241	0.554 1	0.005 8
	27	180	246	0.297 4	0.010 9
	28	180	247	0.191 0	0.016 9
	29	180	250	0.620 8	0.004 3

共进化组	共进化对	氨基酸位点 1	氨基酸位点 2	疏水性相关性值	概率 p
G15	30	241	246	0.509 8	0.006 4
	31	241	247	0.208 6	0.015 8
	32	241	250	0.140 8	0.019 0
	33	246	247	0.266 1	0.012 3
	34	246	250	0.302 5	0.010 8
	35	247	250	0.303 3	0.010 7
G16	36	180	241	0.554 1	0.005 8
	37	180	254	0.555 0	0.005 8
	38	180	261	0.450 3	0.007 2
	39	180	285	0.597 6	0.005 6
	40	241	254	0.895 4	0.002 5
	41	241	261	0.782 0	0.003 0
	42	241	285	0.629 9	0.004 3
	43	254	261	0.769 1	0.003 0
	44	254	285	0.600 5	0.005 6
	45	261	285	0.509 3	0.006 4
G17	46	247	259	0.605 6	0.005 4

表 4.7　基于氨基酸分子量统计出的 Rubisco 大亚基的共进化组（对）

共进化组	共进化对	氨基酸位点 1	氨基酸位点 2	分子量相关性值	概率 p
G4	1	50	147	−0.084 5	0.028 0
G5	2	50	150	0.062 3	0.038 8
G6	3	64	180	0.098 9	0.023 9
	4	64	285	0.234 0	0.013 1
	5	180	285	0.316 8	0.009 5
G7	6	64	249	0.236 4	0.013 0
G8	7	116	150	0.274 0	0.010 3
G10	8	144	241	0.640 5	0.003 6
G11	9	147	160	0.216 1	0.013 4

续表

共进化组	共进化对	氨基酸位点 1	氨基酸位点 2	分子量相关性值	概率 p
	10	147	180	0.412 4	0.007 9
	11	147	241	0.897 8	0.002 8
	12	147	250	0.807 3	0.003 0
	13	180	241	0.315 7	0.009 5
G12	14	180	246	0.054 5	0.044 6
	15	180	250	0.291 7	0.009 6
	16	241	250	0.859 0	0.002 9
	17	246	250	0.236 2	0.013 0
	18	147	261	0.615 9	0.005 4
G13	19	246	254	0.269 5	0.010 7
	20	246	261	0.310 3	0.009 5
	21	254	261	0.726 5	0.003 2
G14	22	173	247	0.135 2	0.019 5
	23	180	241	0.315 7	0.009 5
	24	180	246	0.054 5	0.044 6
	25	180	247	−0.066 0	0.036 6
	26	180	250	0.291 7	0.009 6
G15	27	241	250	0.859 0	0.002 9
	28	246	247	0.181 6	0.015 8
	29	246	250	0.236 2	0.013 0
	30	247	250	0.067 8	0.035 8
	31	180	241	0.315 7	0.009 5
	32	180	254	0.154 7	0.018 2
	33	180	261	0.339 4	0.009 3
	34	180	285	0.316 8	0.009 5
G16	35	241	261	0.609 8	0.005 4
	36	254	261	0.726 5	0.003 2
	37	254	285	0.640 0	0.004 1
	38	261	285	0.495 8	0.006 2
G17	39	247	259	0.081 6	0.028 8

　　胭脂藻属 *rbc*L 基因内部基于氨基酸对相关系数、氨基酸疏水性值以及氨基酸分子量等指标共检测出 17 组共进化组（对），共进化对数量众多，很多氨基酸位点之间都存在密切关联。胭脂藻属植物地理分布广泛，但对生境要求较高，在适应性进化分析中并未检测到具有统计学意义的正选择位点，我们推测胭脂藻属植物进化较为保守，更多的是通过形成共进化组对的方式保证 Rubisco 蛋白的稳定性。选取支持率较高的共进化对在蛋白三维结构中的相对位置进行标定，发现其空间位置在蛋白进行卷曲折叠后存在更紧密的关联（Nan et al.，2020）。

　　胭脂藻属植物 *rbc*L 基因中未检测到可靠的正选择位点，说明 Rubisco 大亚基进化较为保守，蛋白结构稳定。但其中检测到的共进化组数量较多，推测原因可能是该属在全球范围均有分布，不同类群生活环境长期处于不同状态，因此胭脂藻属为适应环境差异，蛋白内部氨基酸间产生多对共进化组对以维持 Rubisco 大亚基结构与功能的稳定性。

参考文献

施之新，2006. 中国淡水藻志，第 13 卷，红藻门和褐藻门［M］. 北京：科学出版社，1-77.

田鹏，牛文涛，林荣澄，等，2014. 2 种分子标记应用于澄黄滨珊瑚群体遗传多样性研究中的可行性［J］. 应用海洋学学报，33（1）：46-52.

BESSEY C E，1887. Wolle's Fresh-Water Algae of the United States［J］. American Naturalist，21（10）：923-924.

BURLAND T G，2000. DNASTAR's Lasergene sequence analysis software［J］. Methods in Molecular Biology，132：71-91.

GUINDON S，DUFAYARD J F，LEFORT V，et al.，2010. New algorithms and methods to estimate maximum-likelihood phylogenies：assessing the performance of Phy M_L 3.0［J］.

Systematic Biology, 59 (3): 307-321.

IRVINE L M, PUESCHEL C M, 1994. Hildenbrandiales//IRVINE L M, CHAMBERLAIN Y M. Seaweeds of the British Isles, Vol. 1, Rhodophyta, part 2B, Corallinales, Hildenbrandiales [M]. London: the Natural History Museum, 235-241.

KUMAR S, STECHER G, TAMURA K, 2016. MEGA7: molecular evolutionary genetics analysis version 7.0 for bigger datasets [J]. Molecular Biology and Evolution, 33 (7): 1870-1874.

LIEBMAN F, 1839. Om et nytgenus Erythroclathrus of algernes families [J]. Naturhistorisk Tidsskrift, 2: 169-175.

MARIO A F, DAVID M, 2006. CAPS: coevolution analysis using protein sequences [J]. Bioinformatics, 22 (22): 2821-2822.

NAN F, FENG J, JUNPING L V, et al., 2017. *Hildenbrandia jigongshanensis* (Hildenbrandiaceae, Rhodophyta), a new freshwater species described from Jigongshan Mountain, China [J]. Phytotaxa, 292: 243-252.

NAN F, HAN J, FENG J, et al., 2019. Morphological and molecular investigation of freshwater *Hildenbrandia* (Hildenbrandiales, Rhodophyta) with a new species reported from Japan [J]. Phytotaxa, 423: 68-74.

NAN F, HAN Y, LIU X, et al., 2020. Analysis of Adaptive Evolution and Coevolution of *rbc*L Gene in the genus *Hildenbrandia* (Rhodophyta) [J]. Evolutionary Bioinformatics, 16: 1-7.

POSADA D, CRANDALL K A, 1998. MODELTEST: Testing the model of DNA substitution [J]. Bioinformatics, 14 (9): 817-818.

SHERWOOD A R, SHEA T B, SHEATH R G, 2002. European freshwater *Hildenbrandia* (Hildenbrandiales, Rhodophyta) has not been derived from multiple invasions from marine habitats [J]. Phycologia, 41 (1): 87-95.

SHERWOOD A R, SHEATH R G, 2000. Biogeography and systematics of *Hildenbrandia* (Rhodophyta, Hildenbrandiales) in Europe: Inferences from morphometrics and *rbc*L and 18S rRNA gene sequence analyses [J]. European Journal of Phycology, 35: 143-152.

SHERWOOD A R, SHEATH R G, 1999. Biogeography and systematics of *Hildenbrandia* (Rhodophyta, Hildenbrandiales) in North America: inferences from morphometrics and *rbc*L and 18S rRNA gene sequence analyses [J]. European Journal of Phycology, 34 (5): 523-532.

SHERWOOD A R, SHEATH R G, 2003. Systematics of the Hildenbrandiales (Rhodophyta): gene sequence and morphometric analyses of global collections [J]. Journal of Phycology, 39: 409-422.

SILVA P C, BASSON P W, MOE R L, 1996. Catalogue of the benthic marine algae of the Indian Ocean [M]. Oakland: University of California Press, 1-1259.

STOYNEVA M P, STANCHEVA R, GÄRTNER G, 2003. *Heribaudiella fluviatilis* (Aresch.) Sved. (Phaeophyceae) and the *Hildenbrandia rivularis* (Liebm.) J. AG. - *Heribaudiella fluviatilis* (Aresch.) Sved. association newly recorded in Bulgaria [J]. Berichte des Naturwissenschaftlich medizinischen Verein in Innsbruck, 90: 61-71.

TEMNISKOVA D, STOYNEVA M P, KIRJAKOV I K, 2008. Red List of the Bulgarian algae. I. Macroalgae [J]. Phytologia Balcanica, 14 (2): 193-206.

THOMPSON J D, GIBSON T J, PLEWNIAK F, et al., 1997. The CLUSTAL_ X windows interface: flexible strategies for multiple sequence alignment aided by quality analysis tools [J]. Nucleic Acids Research, 25 (24): 4876-4882.

WOMERSLEY H B S, 1996. The marine benthic flora of Southern Australia, Rhodophyta-Part IIIB [J]. Floras of Australia, (5): 1-392.

YANG E C, BOO S M, BHATTACHARYA D, et al., 2016. Divergence time estimates and the evolution of major lineages in the florideophyte red algae [J]. Scientific Reports, 6 (1): 1-11.

YANG Z, 1998. Likelihood ratio tests for detecting positive selection and application to primate lysozyme evolution [J]. Molecular Biology and Evolution, 15 (5): 568-573.

YANG Z, 2007. PAML 4: phylogenetic analysis by maximum likelihood [J]. Molecular Biology and Evolution, 24 (8): 1586-1591.

第5章 温泉红藻的适应性进化及共进化分析

5.1 温泉红藻植物系统发育树构建

温泉红藻属（*Galdieria*）隶属于红藻门（Rhodophyta）温泉红藻纲（Cyanidiophyceaee）温泉红藻目（Cyanidiales）温泉红藻科（Cyanidiaceae）。温泉红藻属中被报道的共 5 个物种，分别为 *Galdieria phlegrea*、嗜硫原始红藻（*G. sulphuraria*）、*G. maxima*、*G. partita* 和 *G. daedala*（Altermann et al.，2012）。温泉红藻不同于其他淡水红藻，其生境特殊，主要分布于 pH 值在 0.05~3.00 间，最高温度达 56℃的极端环境。在硫酸盐含量较高的温泉中、温泉内石头表面、高温高酸的火山岩石表面或土壤表层内均有发现（Pinto et al.，2007；Ciniglia et al.，2014）。目前该藻类在意大利那不勒斯、印度尼西亚拉乌山、美国黄石国家公园、墨西哥的洛斯阿祖弗雷斯和塞罗普列托的酸性温泉中已有采集并报道（Skorupa et al.，2013；Toplin et al.，2014）。有研究表明，温泉红藻可以从原核生物（古细菌或细菌）处获得某些基因，有利于其在极端环境中生存下来（Thangaraj et al.，2011）。

从 GenBank 数据库中共采集温泉红藻属 *rbc*L 基因序列共 35 条及 1 条外类群细基江蓠（*Gracilaria tenuistipitata*）序列（见表 5.1）。将所获基因序列用 ClustalX 软件进行对位排列（Thompson et al.，1997），并对其进行人工校对，将首尾两端未对齐碱基进行剪切，获得长度相同的 36 条碱基序列，每条序列均由 345 个密码子组成（Han et al.，2021）。

采用 MEGA 7.0 软件对序列特征进行分析（Kumar et al.，2016），应用

Modeltest 3.7 软件对联配结果进行模型选择（Posada et al.，1998），选取的最佳核苷酸进化模型为 GTR+G，G 代表 Gamma 密度函数，K 为估算参数的数目（表 5.2）。运行 PhyML 3.0 软件（Guindon et al.，2010），采用最大似然法（ML）重复计算 1 000 次（Rannala et al.，1996），重复次数设置为 1 000 次，计算结果输入 Figtree 1.4.2 进行编辑（http：//tree. bio. ed. ac. uk/software/figtree/），得到温泉红藻属植物系统发育树。

表 5.1　用于本研究的温泉红藻属 *rbc*L 基因 GenBank 登录号

分类单位	GenBank 登录号					
Galdieria phlegrea	KY033395	KY033401	KY033402	KY033407	KY033408	KY033409
	KY033444	KY033454	KY033455	KY033456	KY033457	KY033458
G. maxima	KX501174	KX501179	KX501180	KY033396	KY033398	KY033400
	KY033404	KY033406	KY033410	KY033411	KY033415	KY033429
	KY033430	KY033436	KY033450	KY033451	KY033453	
嗜硫原始红藻	KX501175	KX501178	KY033403	KY033412	KY033440	KY033449
细基江蓠	AY049324					

表 5.2　Modeltest 3.7 检验得到的 *rbc*L 基因优化模型参数

模型参数	碱基频率	矩阵参数
GTR+G		R［A–C］＝3.008 8
−ln*L*＝4169.358 9	A＝0.328 3	R［A–G］＝2.566 6
	C＝0.153 2	R［A–T］＝2.940 7
K＝9	G＝0.217 9	R［C–G］＝2.008 6
（I）＝0	T＝0.300 7	R［C–T］＝8.861 7
（G）＝0.461 9		R［G–T］＝1.000 0

选取细基江蓠为外类群，采用最大似然法构建系统发育树。由图 5.1 可知，除外类所有内类群聚为两大分支，A、B 分支为物种 *Galdieria maxima*，

后验概率达 100%，其中登录号为 KY033400 等 10 株温泉红藻聚为一个小分支，后验概率为 94.9%，登录号为 KX501174 等 7 株温泉红藻聚为另一小分支，后验概率达 95.9%。分支 C 与 D 聚为另一大分支，后验概率达 100%，其中分支 C 为物种 *Galdieria phlegrea* 的 12 株植物，后验概率达 99.7%；分支 D 为物种嗜硫原始红藻的 6 株植物，后验概率达 99.9%（Han et al.，2021）。

图 5.1　基于 *rbc*L 基因序列构建的系统发育树

注：节点处的数字代表最大似然法步靶值，A、B、C、D 分别代表选定的分支

对温泉红藻属构建系统发育树，在 GenBank 数据库中共收集到 5 个种群的 *rbc*L 基因序列，但其中 *Galdieria partita* 和 *Galdieria daedala* 物种其序列经对位排列与其他 3 个种群序列相比较短且序列中存在断层，在之后的适应性进化及共进化分析中属于无效数据，故在构建温泉红藻属系统发育树时采用了 3 个类群的基因序列。最大似然法构建的系统发育树中温泉红藻属内类群分为两大分支，A、B 分支为 *Galdieria maxima*，有学者提出有分化为不同亚种的可能，有待进一步的分子学鉴定（Han et al.，2021）。

5.2　温泉红藻植物基于基因序列的生物信息学分析

选取登录号为 KY033430 的温泉红藻属 *rbc*L 基因序列作为参考序列，以氨基酸序列的形式上传 ProtScale（http：//web. expasy. org/protscale/），预测该蛋白质的亲水性/疏水性，并利用 ProtParam（http：//web. expasy. org/protparam/）对所选 *rbc*L 基因编码蛋白的理化性质进行分析。利用 NetPhos 3.1 Server（http：//www. cbs. dtu. dk/services/NetPhos/）对蛋白质进行磷酸化位点预测。利用软件包 DNASTAR. Lasergene. v7.1 中 Protean 模块对该蛋白质的二级结构进行分析（Burland，2000）。

Rubisco 大亚基亲水性/疏水性预测：衡量蛋白亲水性/疏水性是根据 GRAVY 值，正值表明蛋白具疏水性，负值表明蛋白具亲水性。利用 ProtParam 测得 Rubisco 大亚基的 GRAVY 值为 -0.093，表明蛋白具亲水性，推断为水溶性蛋白质。由图 5.2 可知，温泉红藻 Rubisco 大亚基氨基酸序列在第 180 位异亮氨酸的 GRAVY 最高（3.178），表明该位点具有极强疏水性；第 214 位的 GRAVY 最小（-2.500），表明该位点具有极强亲水性（熊勇 等，2014a）。

Rubisco 大亚基磷酸化位点预测：用 NetPhos 3.1 Server 对 Rubisco 大亚基磷酸化位点进行预测（见图版Ⅳ-5），结果表明，该蛋白共 22 个磷酸化

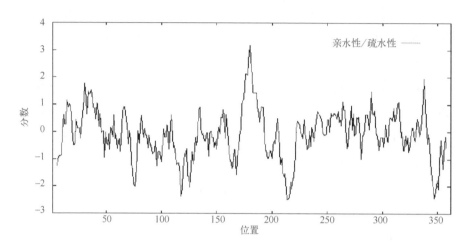

图 5.2 温泉红藻 *rbc*L 编码蛋白的亲水性/疏水性预测

位点，丝氨酸（Ser）磷酸化位点有 14 个，分别位于 25、56、94、121、142、145、151、191、196、211、214、227、282 和 338 位点；苏氨酸（Thr）磷酸化位点有 4 个，分别位于 86、159、212 和 242 位点；酪氨酸（Tyr）磷酸化位点有 4 个，分别位于 133、152、164 和 349 位点。

Rubisco 大亚基的二级结构及保守结构域预测：采用 DNAStar 软件包中 Protean 模块，对 Rubisco 大亚基的二级结构进行预测（Burland，2000）（见图版Ⅳ-6），采用 Garnier-Robson 方法是通过计算特定氨基酸残基在特定结构内部的可能性，Chou-Fasman 方法通过序列氨基酸残基的晶体结构预测蛋白质的二级结构，两种方法预测的蛋白质二级结构存在一定差异。Garnier-Robson 方法预测温泉红藻 Rubisco 大亚基有 20 个 α 螺旋，27 个 β 折叠，17 个转角以及少量小片段的无规则卷曲。Chou-Fasman 方法则预测有 15 个 α 螺旋，10 个 β 折叠，19 个转角。两种方法预测的 α 螺旋分别位于第 19~25 位、第 39~53 位和第 71~74 位等；β 折叠分别位于第 9~17 位、第 29~38 位和第 176~194 位等；转角结构位于第 75~79 位、第 94~97 位和第 106~109 位等。Garnier-Robson 方法预测的无规则卷曲分别位于第 62~66 位、第 120~123 位和第 316~322 位（Han et al.，2021）。

对温泉红藻的 Rubisco 大亚基理化性质进行预测，其理化性质较为稳定。蛋白质亲水性/疏水性是通过 GRAVY 值来衡量的，定义为所有氨基酸水解值除以蛋白质长度的数值，蛋白的跨膜性质与疏水性关系紧密。结果显示，温泉红藻该 Rubisco 大亚基具有亲水性，在细胞内部具有重要作用。几乎所有的蛋白质都存在翻译后修饰过程，其中蛋白质磷酸化是最常见的一种修饰方式，在细胞信号传导途径中有重要作用，参与细胞的生长发育、基因表达、蛋白合成、周期调控等重要生理过程（曹雪 等，2010）。因此研究蛋白磷酸化位点是研究目的基因及其编码产物功能的重要组成部分。实验预测温泉红藻属植物 *rbc*L 基因编码蛋白磷酸化位点共 22 个，显示该蛋白在细胞代谢过程中十分活跃（Han et al.，2021）。

5.3　温泉红藻植物适应性进化分析

以最大似然法（ML）构建的系统发育树为基础数据，通过 PAML 4.9 软件包中的 Codeml 模块，分别采用分支模型、位点模型和分支-位点模型进行适应性进化分析（Yang，2007）。

分支模型中，允许非同义替换率和同义替换率的比值 ω 在不同分支上有变化。其中单一比率模型最为简单，该模型假定在所有进化支上 ω 值均相同；自由比率则设定各分支的 ω 值各不同。此外，本节研究也采用了二比率模型来进行检测。为检验模型检测结果的可靠性，以自由比率模型和二比率模型为备择假设，单比率模型为其零假设进行 LRT 检验（Yang et al.，2000b）。

位点模型中（Yang et al.，2000），假定不同位点存在不同的选择压力，即 ω 值不同，但在系统发育树的不同分支中无差异。这一模型主要用于检测 *rbc*L 基因是否存在正选择（$\omega > 1$）和负选择（$\omega < 1$）位点。本节研究中采用的三对比较模型分别为：M1a（近中性）和 M2a（选择）、M0（单一比

值）和 M3（离散）、M7（beta）和 M8（beta & ω）（Nielsen et al., 1998; Yang et al., 2000），每组中前者为零假设，后者为备择假设。M0（单一比值）对 M3（离散）模型检测各位点是否存在不同的 ω 值，不检测正选择位点。对三对模型进行 LRT 检验（likelihood ratio test），通过比较模型间差异的显著性来检验正选择位点，在相对自由度（两模型参数数目之差）下，运用 χ^2 分布进行显著性检验。

分支-位点模型中，将系统发育树分为前景支和背景支，仅允许前景支中出现正选择位点及分支，对其进行 LRT 检验，在 test1 中将 MA 和 M1a 进行似然比检验，在 test2 中将 MA 和无效模型（ω 设置为 1）进行比较。经研究比较，选择 test2 算法更为可靠（Zhang et al., 2005）。

三维结构模型建立：选取登录号为 KY033430 的温泉红藻 *rbc*L 基因序列为参考序列，以氨基酸序列形式上传瑞士生物技术研究所（European Bioinformatics Institute：https：//swissmodel. expasy. org/），基于同源建模理论预测 Rubisco 大亚基三维结构。

各模型的选择位点检验结果见表 5.3 和表 5.4（Han et al., 2021）。分支模型中单比率模型参数个数为 71，似然值为 $-3\,629.881\,180$，ω 估计值为 0.024 30。自由比率模型参数个数为 139，似然值为 $-3\,553.8113\,45$，与单比率模型进行 LRT 检验所得概率 $p<0.01$，表明自由比率模型显著优于单比率模型，显示各分支所受选择压力均不相同。二比率模型选取 A、B、C、D 4 个分支为前景支，其余分支则默认设置为背景支。经模型计算 4 个分支的 ω 值均小于 1，表明各分支处于负选择压力下。但其中分支 A、C 的 ω 值远大于分支 B、D，表明分支 A、C 的进化速率较分支 B、D 略快。与单比率模型进行 LRT 检验，分支 A、C 的检验结果较为可靠（Han et al., 2021）。

位点模型中，模型 M3（离散）、M2a（选择）和 M8（beta & ω）允许 $\omega>1$，与其对应的零假设模型为 M1a（近中性）、M0（单一比值）和 M7（beta）模型。经 LRT 检验仅 M3 模型显著优于其对应零假设模型，显示本研究中各位点检验的 ω 值均不同。位点模型下均未检测到正选择位点，表明温泉红藻属 *rbcL* 基因各位点处于负选择压力下（Han et al.，2021）。

分支-位点模型中，指定 A、B、C、D 4 个分支为前景支，其余分支为背景支。分支 A 中检验得 5 个正选择位点，分别为 9A、73D、157M、247I、248R，分支 C 检验得正选择为点共 11 个，分别为 14D、16D、92G、96G、97R、227G、258H、269F、272D、273W、300G，其中位点 92G、96G、272D、300G 后验概率达 100%。将各分支备择假设模型与其对应零假设模型进行 LRT 检验，仅分支 C 检验结果具有可靠性，支持其正选择位点的存在（Han et al.，2021）。

表 5.3　各模型对数似然值和参数估计值

	模型	参数个数	似然值 ln*L*	参数估计值	正选择位点
分支模型	单比率模型 M0	71	−3 629.881 180	$\omega_0 = 0.024\ 30$	无
	二比率模型 A	72	−3 621.746 495	$\omega_0 = 0.022\ 44$，$\omega_1 = 0.609\ 53$	无
	二比率模型 B	72	−3 629.789 523	$\omega_0 = 0.024\ 34$，$\omega_1 = 0.000\ 10$	无
	二比率模型 C	72	−3 607.008 661	$\omega_0 = 0.018\ 32$，$\omega_1 = 0.758\ 21$	无
	二比率模型 D	72	−3 629.880 987	$\omega_0 = 0.024\ 30$，$\omega_1 = 0.000\ 10$	无
	自由比率模型 E	139	−3 553.811 345		无
位点模型	M1a（近中性）	72	−3 615.288 740	$p_0 = 0.98013$，$p_1 = 0.019\ 87$ $\omega_0 = 0.019\ 44$，$\omega_2 = 1.000\ 00$	无应答
	M2a（选择）	74	−3 615.288 748	$p_0 = 0.980\ 12$，$p_1 = 0.015\ 23$，$p_2 = 0.004\ 65$ $\omega_0 = 0.019\ 45$，$\omega_1 = 1.000\ 00$，$\omega_2 = 1.000\ 00$	无
	M3（离散）	75	−3 600.881 674	$p_0 = 0.553\ 84$，$p_1 = 0.430\ 66$，$p_2 = 0.015\ 49$ $\omega_0 = 0.000\ 00$，$\omega_1 = 0.050\ 52$，$\omega_2 = 0.454\ 26$	无
	M7（beta）	72	−3 602.530 244	$p = 0.334\ 39$，$q = 11.155\ 07$	无应答
	M8（beta & ω）	74	−3 601.132 535	$p_0 = 0.994\ 93$，$p = 0.381\ 84$，$q = 14.184\ 04$， $p_1 = 0.005\ 07$，$\omega = 1.118\ 31$	无

	模型	参数个数	似然值 lnL	参数估计值	正选择位点
	备择假设 A	74	−3 605.668 550	$p_{2a}=0.682\ 02$，$p_{2b}=0.014\ 47$ $\omega_{b1}=0.017\ 37$，$\omega_{b2}=1.000\ 00$， $\omega_{f1}=1.000\ 00$，$\omega_{f2}=1.000\ 00$	9A (0.890) 73D (0.885) 157M (0.890) 247I (0.897) 248R (0.889)
	零假设 A0	73	−3 605.668 551	$p_{2a}=0.683\ 21$，$p_{2b}=0.014\ 50$ $\omega_{b1}=0.017\ 37$，$\omega_{b2}=1.000\ 00$ $\omega_{f1}=1.000\ 00$，$\omega_{f2}=1.000\ 00$	无应答
	备择假设 B	74	−3 615.288 766	$p_{2a}=0.000\ 01$，$p_{2b}=0.000\ 00$ $\omega_{b1}=0.019\ 44$，$\omega_{b2}=1.000\ 00$ $\omega_{f1}=1.000\ 00$，$\omega_{f2}=1.000\ 00$	无
分支-位点模型	零假设 B0	73	−3 615.288 906	$p_{2a}=0.000\ 05$，$p_{2b}=0.000\ 00$ $\omega_{b1}=0.019\ 44$，$\omega_{b2}=1.000\ 00$ $\omega_{f1}=1.000\ 00$，$\omega_{f2}=1.000\ 00$	无应答
	备择假设 C	74	−3 580.592 508	$p_{2a}=0.048\ 36$，$p_{2b}=0.001\ 05$， $\omega_{b1}=0.013\ 50$，$\omega_{b2}=1.000\ 00$， $\omega_{f1}=23.495\ 56$，$\omega_{f2}=23.495\ 56$	14D (0.955 0)* 16D (0.977)* 92G (1.000)** 96G (1.000)** 97R (0.968)* 227G (0.967)* 258H (0.863) 269F (0.965)* 272D (1.000)** 273W (0.985)* 0300G (1.000)**

续表

	模型	参数个数	似然值 lnL	参数估计值	正选择位点
分支-位点模型	零假设 C0	73	$-3\,586.967\,450$	$p_{2a}=0.263\,34$, $p_{2b}=0.005\,52$ $\omega_{b1}=0.013\,56$, $\omega_{b2}=1.000\,00$ $\omega_{f1}=1.000\,00$, $\omega_{f2}=1.000\,00$	无应答
	备择假设 D	74	$-3\,615.288\,746$	$p_{2a}=0.000\,22$, $p_{2b}=0.000\,00$ $\omega_{b1}=0.019\,44$, $\omega_{b2}=1.000\,00$ $\omega_{f1}=5.419\,25$, $\omega_{f2}=5.419\,25$	无
	零假设 D0	73	$-3\,615.288\,975$	$p_{2a}=0.042\,60$, $p_{2b}=0.000\,86$ $\omega_{b1}=0.019\,44$, $\omega_{b2}=1.000\,00$ $\omega_{f1}=1.000\,00$, $\omega_{f2}=1.000\,00$	无应答

表 5.4　LRT 检验统计

模型	模型比较	$2\Delta L$	自由度 df	概率 p
分支模型	M0 *vs.* A	16.269 37 **	1	<0.01
	M0 *vs.* B	0.183 314	1	0.668 6
	M0 *vs.* C	45.745 038 **	1	<0.01
	M0 *vs.* D	0.000 386	1	0.98
	M0 *vs.* E	152.139 67 **	68	<0.01
位点模型	M0 *vs.* M3	57.999 012 **	4	<0.01
	M1a *vs.* M2a	0	2	1
	M7 *vs.* M8	2.795 418	2	0.25
分支-位点模型	a *vs.* a0	0	1	1
	b *vs.* b0	0.000 28	1	0.99
	c *vs.* c0	12.749 884 **	1	<0.01
	d *vs.* d0	0.000 458	1	0.98

选取登录号为 KY033430 的温泉红藻属 *rbc*L 基因序列作为参考序列，上传序列得到其三维结构模型，在 PDB 数据库经过 BLAST 搜索，与一株温泉红藻嗜硫原始红藻的 Rubisco 大亚基（PDBID：4F0K.1.A）三维结构相似

度达 85.36%，达到同源建模可靠性要求，以此模型进行后续正选择位点定位（Han et al., 2021）。

将参考序列与模型序列利用 Bioedit 软件进行比对，确定正选择位点的相对位置。应用 Raswin 软件中 RasMol 模块在 Rubisco 大亚基三维模型中将正选择位点进行标记（Sayle et al., 1995）（见图版Ⅲ-17），图中标定的为支持率较高的几个正选择位点。标定结果显示，4 个位点（227G、269F、272D、273W）位于 α 螺旋上，5 个位点（14D、16D、92G、258H、300G）位于 β 片层上，2 个位点（96G、97R）位于无规则卷曲结构上。其中位于 α 螺旋及 β 片层上的正选择位点比例达 81.8%（Han et al., 2021）。

在本研究中，在温泉红藻属 rbcL 基因共检测到 11 个正选择位点，与蛋白模板三维结构比对后，其中位点 269F 定位于 loop6 结构域，272、273 位于 α6 螺旋结构。已有的研究表明，Rubisco 大亚基的 loop6 为 C 末端一个特殊的突环结构（Farber et al., 1990），不仅影响气体分子（氧气和二氧化碳）与酶的亲和性，在形成烯醇化中间产物的过程中也起重要作用（Andersson et al., 2008）。可推测温泉红藻属植物 rbcL 基因发生了可遗传的积极突变，进而使 Rubisco 大亚基结构与功能更加适应高温、高酸的极端环境（Han et al., 2021）。

在分支-位点模型中，所选取的 4 个前景支中，分支 A 中检测到 5 个（9A、73D、157M、247I、248R）正选择位点，分支 C 中检测到 11 个（14D、16D、92G、96G、97R、227G、258H、269F、272D、273W、300G）正选择位点，但经过 LRT 检验，分支 A 的备择假设不可靠，因此不支持其正选择位点的存在。根据以往研究推测，出现该结果的原因可能是本研究中选取的基因序列共 36 条，对于适应性进化研究序列数量不够庞大，且序列经过校对剪切长度均为 1 035 bp，序列较短，使得容易出现假阳性结果。因此，在以后的研究中可以采集类群的基因组数据进行适应性进化分析，基因组内大量的遗传信息可使检测结果会更为可靠（Han et al.,

2021）。

在分支模型中未检测到正选择位点，选取的各前景支 ω 估计值均小于1，表明各分支处于较强负选择压力下。分支模型是用来检验各分支整体的进化速率，其中分支 A、C 的 ω 估计值相对较快，说明温泉红藻属中不同物种间进化速率存在一定差异，推测其原因可能是不同物种的生境各不相同且处于封闭状态，所以各物种遭受的环境压力差异较大，在漫长的进化过程中新性状虽然还未被固定，但物种间进化速率已经产生差异（Han et al.，2021）。

在目前淡水红藻适应性进化研究中，大部分类群的研究结果较为保守，支持其处于强烈负选择压力下，并未发生适应性进化的观点（高帆，2016）。温泉红藻属为一支独特的、古老的且分布广泛的淡水红藻类群，存在于世界范围很多高温高酸环境中，在天然和人造环境中均有发现。不同于其他真核细胞，温泉红藻属已适应了极端的生境，例如酸性温泉、火山口岩石表面，甚至在温度高达 56℃、pH 值在 0.05~3.00 的水环境中仍有发现。在这样的生境中使得温泉红藻属植物具有很多独特的生理指标，例如对高浓度的有毒金属离子及其他环境压力具有较高的忍耐力（Altenbach et al.，2012）。在本节研究中分支模型及位点模型中均未检测到正选择位点，表明温泉红藻属处于较强的负选择压力下，由于 Rubisco 蛋白在植物中承担着重要功能，其结构趋于稳定保守。但基因的变异需要在环境筛选下，更加适应环境的突变才能得以保留，因此在分支-位点模型中检测到的正选择位点对日后深入研究其变异机制也具有重要意义（Han et al.，2021）。

5.4　温泉红藻植物共进化分析

基于选取的基因序列与已解析的 Rubisco 大亚基三维结构（PDBID：

4FOK. 1. A），运行 CAPS（Coevolution Analysis using Protein Sequences） 软件，分析 *rbc*L 蛋白内部的氨基酸共进化关系（Mario et al., 2006）。分析过程中采用了参数检验法、互信息法（mutual information） 和 Pearson 相关系数法等。

　　通过比对实验序列和已解析的 *rbc*L 编码蛋白三维结构（PDBID：4FOK. 1. A）以确定对应氨基酸位点的准确位置，基于氨基酸对的相关系数值统计出的共进化组（对）共20对（表5.5）。基于氨基酸疏水性相关性值统计出的共进化组（对）5组（12对）（见表5.6）；基于氨基酸分子量相关性值统计出的共进化组（对）5组（15对）（见表5.7）。选取其中相关系数较高的共进化位点在构建出的参考三维结构图中进行定位，如图版Ⅲ18~20。与适应性进化位点相比，蛋白内部的共进化组（对）更为普遍（Han et al., 2021）。

表 5.5　基于氨基酸对相关系数统计出的 Rubisco 大亚基的共进化组（对）

共进化对	氨基酸位点 1	氨基酸位点 2	平均值 $D1$	平均值 $D2$	相关系数
1	3	4	11.81	25.922 9	0.572 4
2	3	84	11.81	15.675 4	0.430 9
3	3	131	11.81	4.595 3	0.653 0
4	3	139	11.81	4.909 3	0.498 6
5	3	191	11.81	21.860 9	0.623 5
6	4	84	25.922 9	15.675 4	0.799 7
7	4	139	25.922 9	4.909 3	0.690 5
8	4	162	25.922 9	8.811 7	0.692 1
9	4	165	25.922 9	10.553 3	0.900 2
10	4	191	25.922 9	21.860 9	0.957 1
11	84	139	15.675 4	4.909 3	0.588 0
12	84	162	15.675 4	8.811 7	0.740 2

续表

共进化对	氨基酸位点 1	氨基酸位点 2	平均值 D1	平均值 D2	相关系数
13	84	165	15. 675 4	10. 553 3	0. 771 6
14	131	139	4. 595 3	4. 909 3	0. 610 8
15	131	249	4. 595 3	0. 664 2	0. 601 1
16	139	162	4. 909 3	8. 811 7	0. 461 6
17	139	165	4. 909 3	10. 553 3	0. 643 4
18	139	191	4. 909 3	21. 860 9	0. 685 7
19	139	249	4. 909 3	0. 664 2	0. 856 7
20	162	165	8. 811 7	10. 553 3	0. 832 7

表 5.6　基于氨基酸疏水性相关性值统计出的 Rubisco 大亚基的共进化组（对）

共进化组	共进化对	氨基酸位点 1	氨基酸位点 2	疏水性相关系数	概率 p
1	1	3	4	−0. 098 6	0. 026 4
	2	3	84	0. 055 8	0. 031 4
	3	4	84	0. 624 7	0. 011 7
2	4	3	131	0. 486 0	0. 016 8
	5	3	139	0. 468 0	0. 017 9
	6	131	139	0. 346 4	0. 018 6
3	7	3	4	−0. 098 6	0. 026 4
	8	3	139	0. 468 0	0. 017 9
	9	3	191	0. 038 6	0. 038 8
	10	4	139	0. 408 9	0. 018 0
	11	4	191	0. 676 2	0. 010 5
	12	139	191	0. 424 3	0. 017 9

共进化组	共进化对	氨基酸位点 1	氨基酸位点 2	疏水性相关系数	概率 p
	13	4	84	0.624 7	0.011 7
	14	4	139	0.408 9	0.018 0
	15	4	162	0.050 0	0.034 4
	16	84	139	0.324 3	0.018 6
4	17	84	162	0.023 1	0.048 1
	18	84	165	-0.024 9	0.048 0
	19	139	162	-0.022 0	0.048 8
	20	162	165	0.345 2	0.018 6
	21	131	139	0.346 4	0.018 6
5	22	131	249	-0.112 1	0.025 9
	23	139	249	0.468 4	0.017 9
6	24	191	195	-0.172 0	0.022 2

表 5.7　基于氨基酸分子量统计出的 Rubisco 大亚基的共进化组（对）

共进化组	共进化对	氨基酸位点 1	氨基酸位点 2	分子量相关系数	概率 p
	1	3	4	0.362 3	0.016 5
G1	2	3	84	-0.091 3	0.025 1
	3	4	84	-0.079 6	0.025 9
	4	3	131	0.758 4	0.005 4
G2	5	3	139	0.694 8	0.008 5
	6	131	139	0.631 6	0.009 3
	7	3	4	0.362 3	0.016 5
G3	8	3	139	0.694 8	0.008 5
	9	3	191	0.270 0	0.017 4

共进化组	共进化对	氨基酸位点 1	氨基酸位点 2	分子量相关系数	概率 p
	10	4	139	0.336 9	0.016 6
G3	11	4	191	0.666 4	0.009 0
	12	139	191	0.386 4	0.015 9
	13	4	84	−0.079 6	0.025 9
	14	4	139	0.336 9	0.016 6
	15	4	162	0.043 5	0.035 5
	16	4	165	0.035 0	0.039 7
G4	17	84	139	−0.024 3	0.046 2
	18	84	162	−0.081 8	0.025 8
	19	84	165	−0.082 1	0.025 7
	20	139	165	0.051 9	0.030 0
	21	162	165	0.700 7	0.005 6
G5	22	131	139	0.631 6	0.009 3
	23	139	249	0.438 3	0.015 4
G6	24	191	195	0.347 7	0.016 5

温泉红藻属植物 rbcL 基因编码蛋白内部共检测出 6 组共进化对,与氨基酸疏水性相关性值、分子量相关性值存在密切关联。rbcL 基因编码蛋白为 Rubisco 大亚基,是固定二氧化碳气体分子的活性中心,因此在细胞代谢过程中承担重要功能。当环境或其他因素的变化而导致某些位点发生变异时,一些与之相关联的氨基酸位点便会随之发生补偿突变以维持蛋白结构及功能的稳定性(Han et al.,2021)。

参考文献

曹雪, 上官凌飞, 于华平, 等, 2010. 葡萄 SBP 基因家族生物信息学分析 [J]. 基因组学 与应用生物学, 29 (4): 791-798.

高帆, 2016. 四种红藻 microRNAs 的鉴定与特征分析 [D]. 太原: 山西大学.

熊勇, 赵春艳, 高兴艳, 等, 2014a. 药用植物灯盏花 *rbc*L 基因的克隆、生物信息学及适 应性进化分析 [J]. 生物技术, 24 (3): 25-31.

熊勇, 赵春艳, 杨青松, 等, 2014b. 黄花蒿 *rbc*L 基因电子克隆、生物信息学及适应性进 化分析 [J]. 生物技术, 24 (6): 50-56.

ALTENBACH A, BERNHARD J, SECKBACH J, 2012. Cellular Origin, Life in Extreme Habi-tats and Astrobiology, Anoxia Vol 21. [M]. Dordrecht: Springer, 21: 387-397.

ANDERSSON I, BACKLUND A, 2008. Structure and function of Rubisco [J]. Plant Physiology and Biochemistry, 46 (3): 275-291.

BURLAND T G, 2000. DNASTAR's Lasergene sequence analysis software [J]. Methods in Molecular Biology, 132: 71-91.

CINIGLIA C, YANG E C, POLLIO A, et al., 2014. Cyanidiophyceae in Iceland: Plastid *rbc*L gene elucidates origin and dispersal of extremophilic *Galdieria sulphuraria* and *G. maxima* (Galdieriaceae, Rhodophyta) [J]. Phycologia, 53 (6): 62.

FARBER G K, PETSKO G A, 1990. The evolution of α/β barrel enzymes [J]. Trends in Bio-chemical Sciences, 15 (6): 228-234.

GUINDON S, DUFAYARD J F, LEFORT V, et al., 2010. New algorithms and methods to estimate maximum-likelihood phylogenies: assessing the performance of PhyML 3.0 [J]. Systematic Biology, 59 (3): 307-321.

HAN Y X, LIU X D, NAN F R, et al., 2021. Analysis of Adaptive Evolution and Coevolution of *rbc*L gene in the genus *Galdieria* (Rhodophyta) [J]. Journal of Eukaryotic Microbiology, 68 (2): e12838.

KUMAR S, STECHER G, TAMURA K, 2016. MEGA7: molecular evolutionary genetics analysis version 7. 0 for bigger datasets [J]. Molecular Biology and Evolution, 33 (7): 1870-1874.

MARIO A F, DAVID M, 2006. CAPS: coevolution analysis using protein sequences [J]. Bioinformatics, 22 (22): 2821-2822.

NIELSEN R, YANG Z, 1998. Likelihood models for detecting positively selected amino acid sites and applications to the HIV-1 envelope gene [J]. Genetics, 148 (3): 929-936.

PINTO G, CINIGLIA C, CASCONE C, et al., 2007. Species composition of Cyanidiales assemblages in Pisciarelli (Campi Flegrei, Italy) and description of *Galdieria phlegrea* sp. nov [J]. Algae and Cyanobacteria in Extreme Environments, 24-37.

POSADA D, CRANDALL K A, 1998. MODELTEST: testing the model of DNA substitution [J]. Bioinformatics, 14 (9): 817-818.

RANNALA B, YANG Z, 1996. Probability distribution of molecular evolutionary trees: a new method of phylogenetic inference [J]. Journal of Molecular Evolution, 43 (3): 304-311.

SAYLE R A, MILNER-WHITE E J, 1995. RASMOL: Biomolecular graphics for all [J]. Trends in Biochemistry Science, 20 (9): 374.

SKORUPA D J, REEB V, CASTENHOLZ R W, et al., 2013. Cyanidiales diversity in Yellowstone National Park [J]. Letters in Applied Microbiology, 57 (5): 459-466.

THANGARAJ B, JOLLEY C C, SARROU I, et al., 2011. Efficient light harvesting in a dark, hot, acidic environment: the structure and function of PSI-LHCI from *Galdieria sulphuraria* [J]. Biophysical Journal, 100 (1): 135-143.

THOMPSON J D, GIBSON T J, PLEWNIAK F, et al., 1997. The CLUSTAL_ X windows interface: flexible strategies for multiple sequence alignment aided by quality analysis tools [J]. NucleicAcids Research, 25 (24): 4876-4882.

TOPLIN J A, NORRIS T B, LEHR C R, et al., 2014. Erratum for toplin et al. , biogeographic and phylogenetic diversity of thermoacidophilic Cyanidiales in Yellowstone national park, Japan, and New Zealand [J]. Applied & Environmental Microbiology, 80 (19): 2822-2833.

YANG Z, BIELAWSKI J P, 2000a. Statistical methods for detecting molecular adaptation [J]. Trends in Ecology & Evolution, 15 (12): 496-503.

YANG Z, SWANSON W J, VACQUIER V D, 2000b. Maximum-likelihood analysis of molecular adaptation in abalone sperm lysin reveals variable selective pressures among lineages and sites [J]. Molecular Biology and Evolution, 17 (10): 1446-1455.

YANG Z, 2007. PAML 4: phylogenetic analysis by maximum likelihood [J]. Molecular Biology and Evolution, 24 (8): 1586-1591.

ZHANG J, NIELSEN R, YANG Z, 2005. Evaluation of an improved branch-site likelihood method for detecting positive selection at the molecular level [J]. Molecular Biology and Evolution, 22 (12): 2472-2479.

图 版

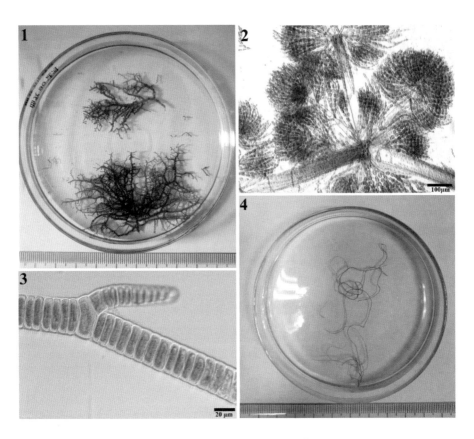

图版 I 淡水红藻代表类群的藻体形态

1. 串珠藻藻株整体形态；2. 串珠藻显微形态；3. 弯枝藻显微形态；4. 弯枝藻藻株整体形态

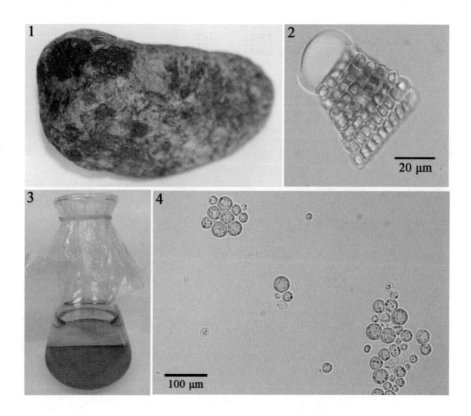

图版 II   淡水红藻代表类群的藻体形态

1. 胭脂藻着生于石头基质之上；2. 胭脂藻显微形态；3. 温泉红藻培养液；4. 温泉红藻显微形态
注：温泉红藻购买于德国 SAG 藻种库。

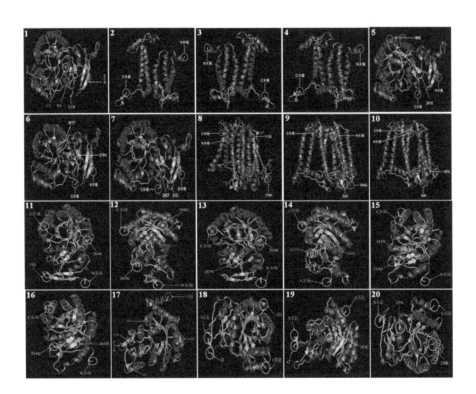

图版Ⅲ 淡水红藻代表类群重要蛋白三维结构

1：胶串珠藻（AF029141）Rubisco 大亚基参考三维结构；2～4：胶串珠藻（DQ787636）psbA 蛋白参考三维结构；5～7：*rbcL* 基因共进化位点的空间位置；8～10：*psaA* 基因中三对共进化位点的空间位置；11～13：弯枝藻属三对共进化位点空间定位；14～16：胭脂藻属三对共进化位点空间定位；17：*rbcL* 基因正选择位点的空间位置；18～20：温泉红藻属三对共进化位点的空间定位

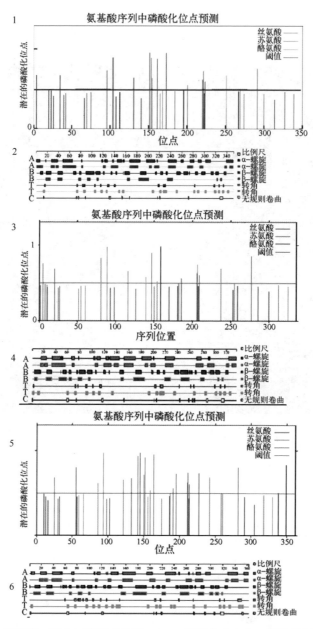

图版Ⅳ　淡水红藻代表类群 Rubisco 磷酸化位点和二级结构预测

1：弯枝藻 Rubisco 磷酸化位点预测；2：弯枝藻 Rubisco 蛋白二级结构预测；3：胭脂藻 Rubisco 磷酸化位点预测；4：胭脂藻 Rubisco 蛋白二级结构预测；5：温泉红藻 Rubisco 磷酸化位点预测；6：温泉红藻 Rubisco 蛋白二级结构预测